全球变化热门话题丛书

主　编　秦大河
副主编　丁一汇　毛耀顺

冰　川

Bingchuan

沈永平　编著

气象出版社

图书在版编目(CIP)数据

冰川/沈永平编著. —北京:气象出版社,2003.6(2009.6重印)
(全球变化热门话题/秦大河主编)
ISBN 978-7-5029-3583-2

Ⅰ.冰… Ⅱ.①沈… Ⅲ.冰川-普及读物 Ⅳ.P343.6-49

中国版本图书馆 CIP 数据核字(2003)第 046937 号

气象出版社出版
(北京市海淀区中关村南大街 46 号 邮编:100081)
总编室:010—68407112 发行部:010—68409198
网址:http://www.cmp.cma.gov.cn E-mail:qxcbs@263.net
责任编辑:林雨晨 终审:周诗健
封面设计:新视窗工作室 责任技编:王丽梅 责任校对:王丽梅

*

北京京科印刷有限公司印刷
气象出版社发行 全国各地新华书店经销

*

开本:889×1194 1/32 印张:5.25 字数:136 千字
2003 年 3 月第一版 2009 年 6 月第三次印刷
印数:6501~9500 定价:16.00 元

本书如存在文字不清、漏印以及缺页、倒页、脱页等,请与本社
发行部联系调换

序　言

全球变化科学是从 20 世纪 80 年代发展起来的一个新兴的科学领域。其研究对象是气候系统(包括岩石圈、大气圈、水圈、冰冻圈和生物圈)、各子系统内部以及各子系统之间的相互作用。它的科学目标是描述和理解人类赖以生存的气候系统运行的机制、变化规律以及人类活动在其中所起的作用与影响,从而提高对未来环境变化及其对人类社会发展影响的预测和评估能力。近 20 年来,全球变化的研究方向经历了重大调整。首先是从认识气候系统基本规律的纯基础研究为主,发展到与人类社会可持续发展密切相关的一系列生存环境实际问题的研究;其次是从研究人类活动对环境变化的影响,扩展到研究人类如何适应和减缓全球环境的变化。全球变化的研究已经取得了重大的进展。

气候变化是全球变化研究的核心问题和重要内容。科学研究表明,近百年来,地球气候正经历一次以全球变暖为主要特征的显著变化。近 50 年的气候变暖主要是人类使用矿物燃料排放的大量二氧化碳等温室气体的增温效应造成的。现有的预测表明,未来 50~100 年全球的气候将继续向变暖的方向发展。这一增温对全球自然生态系统和各国社会经济已经产生并将继续产生重大而深刻的影响,使人类的生存和发展面临巨大挑战。

自工业革命(1750 年)以来,大气中温室气体浓度明显增加。大气中二氧化碳的浓度目前已达到 368 ppmv(百万分之一体积),这可能是过去 42 万年中的最高值。增强的温室效应使得自 1860 年有气象仪器观测记录以来,全球平均温度升高了 0.6 ± 0.2℃。

最暖的14个年份均出现在1983年以后。20世纪北半球温度的增幅可能是过去1 000年中最高的。降水分布也发生了变化。大陆地区尤其是中高纬地区降水增加,非洲等一些地区降水减少。有些地区极端天气气候事件(厄尔尼诺、干旱、洪涝、雷暴、冰雹、风暴、高温天气和沙尘暴等)的出现频率与强度增加。近百年我国气候也在变暖,气温上升了0.4～0.5℃,以冬季和西北、华北、东北最为明显。1985年以来,我国已连续出现了17个全国大范围暖冬。降水自20世纪50年代以后逐渐减少,华北地区出现了暖干化趋势。

对于未来100年的全球气候变化,国内外科学家也进行了预测。结果表明:(1)到2100年时,地球平均地表气温将比1990年上升1.4～5.8℃。这一增温值将是20世纪内增温值(0.6℃左右)的2～10倍,可能是近10 000年中增温最显著的速率。21世纪全球平均降水将会增加,北半球雪盖和海冰范围将进一步缩小。到2100年时,全球平均海平面将比1990年上升0.09～0.88 m。一些极端事件(如高温天气、强降水、热带气旋强风等)发生的频率会增加。(2)我国气候将继续变暖。到2020～2030年,全国平均气温将上升1.7℃;到2050年,全国平均气温将上升2.2℃。我国气候变暖的幅度由南向北增加。不少地区降水出现增加趋势,但华北和东北南部等一些地区将出现继续变干的趋势。

气候变化的影响是多尺度、全方位、多层次的,正面和负面影响并存,但它的负面影响更受关注。全球气候变暖对全球许多地区的自然生态系统已经产生了影响,如海平面升高、冰川退缩、湖泊水位下降、湖泊面积萎缩、冻土融化、河(湖)冰迟冻与早融、中高纬生长季节延长、动植物分布范围向极区和高海拔区延伸、某些动植物数量减少、一些植物开花期提前等等。自然生态系统由于适应能力有限,容易受到严重的、甚至不可恢复的破坏。正面临这种危险的系统包括:冰川、珊瑚礁岛、红树林、热带雨林、极地和高山生态系统、草原湿地、残余天然草地和海岸带生态系统等。随着气候变化频率和幅度的增加,遭受破坏的自然生态系统在数目上会有所增加,其地理范围也将增加。

气候变化对国民经济的影响可能以负面为主。农业可能是对气候变化反应最为敏感的部门之一。气候变化将使我国未来农业生产的不稳定性增加,产量波动大;农业生产布局和结构将出现变动;农业生产条件改变,农业成本和投资大幅度增加。气候变暖将导致地表径流、旱涝灾害频率和一些地区的水质等发生变化,特别是水资源供需矛盾将更为突出。对气候变化敏感的传染性疾病(如疟疾和登革热)的传播范围可能增加;与高温热浪天气有关的疾病和死亡率增加。气候变化将影响人类居住环境,尤其是江河流域和海岸带低地地区以及迅速发展的城镇,最直接的威胁是洪涝和山体滑坡。人类目前所面临的水和能源短缺、垃圾处理和交通等环境问题,也可能因高温、多雨而加剧。

由于全球增暖将导致地球气候系统的深刻变化,使人类与生态环境系统之间业已建立起来的相互适应关系受到显著影响和扰动,因此全球变化特别是气候变化问题得到各国政府与公众的极大关注。

1979年的第一次世界气候大会(主要由科学家参加)宣言提出:如果大气中的二氧化碳含量今后仍像现在这样不断增加,则气温的上升到20世纪末将达到可测量的程度,到21世纪中叶将会出现显著的增温现象。1990年11月,第二次世界气候大会(由科学家和部长参加)通过了《科学技术会议声明》和《部长宣言》,认为已有一些技术上可行、经济上有效的方法,可供各国减少二氧化碳的排放,并提出制定气候变化公约的问题。1991年2月联合国组成气候公约谈判工作组,并于1992年5月完成了公约的谈判工作。1992年6月联合国环境与发展大会期间,153个国家和区域一体化组织正式签署了《联合国气候变化框架公约》。1994年3月21日公约正式生效。截止到2001年12月共有187个国家和区域一体化组织成为缔约方。公约缔约方第一次大会于1995年3月在德国柏林召开。经过两年的艰苦谈判,1997年12月在日本京都召开的公约第三次缔约方大会上通过了《京都议定书》,为发达国家规定了到2008~2012年的具体的温室气体减排义务。

1988年11月世界气象组织和联合国环境规划署建立了"政府间气候变化专门委员会(IPCC)",其主要任务是定期对气候变化科学知识的现状、气候变化对社会和经济的潜在影响,以及适应和减缓气候变化的可能对策进行评估,为各国政府和国际社会提供权威的科学信息。自成立以来,IPCC已组织世界上数以千计的不同领域的科学家完成了三次评估报告及"综合报告"。目前,IPCC正在准备编写第四次评估报告,将于2007年完成。此外,还组织编写了许多特别报告、技术报告。IPCC组织编写的这些评估报告,作为制定气候变化政策和对策的科学依据提交给国际社会和各国政府。它不仅为各国政府部门制定气候变化对策提供了科学信息,而且也直接影响着《联合国气候变化框架公约》及《京都议定书》的实施进程,并在荒漠化、湿地等其他国际环境公约的活动中发挥着越来越大的作用。

全球气候变化问题,不仅是科学问题、环境问题,而且是能源问题、经济问题和政治问题。全球气候变化问题将给我国带来许多挑战、压力和机遇。

国际上要求我国减排温室气体的压力越来越大。目前我国二氧化碳排放量已位居世界第二,甲烷、氧化亚氮等温室气体的排放量也居世界前列。预测表明,到2025~2030年间,我国的二氧化碳排放总量很可能超过美国,居世界第一位;目前低于世界平均水平的我国人均二氧化碳排放量可能达到世界平均水平。由于技术和设备相对落后、陈旧,能源消费强度大,我国单位国内生产总值的温室气体排放量比较高。

我国减排温室气体的潜力受到能源结构、技术和资金的制约。煤是我国的主要能源,在我国一次能源消费中,煤炭约占70%。受能源结构的制约,我国通过调整能源结构来减少二氧化碳排放量的潜力有限。如果近期就承担温室气体控制义务,我国的能源供应将受到制约。同时,因缺少相应的技术支撑,我国的经济发展将受到严重影响。因此,我国的能源结构和减排成本决定了我国不可能过早地承诺减排义务。在相当一段时期内,我国应坚持"节约能源、优化能源结构、提高能源利用效率"的能源政策,但是需要相当的技术和资金作为保证。目前发达国家希望通过"清洁发展机制(CDM)"项目,从发展中国家获得减排抵消额。这将为发展中国家获得新的投资和技术转让带来机遇。

我国党和政府对气候变化问题一直非常重视,早在1986年就成立了国家气候委员会,其职责是参加国际有关组织相应的活动,并在开展气候研究、预报、服务等工作中,负责对外的国际合作、交流,对内起到组织协调的作用,并与各有关部门共同协商、配合工作,充分发挥各有关单位的积极性,使气候科学更好地为国家建设服务。1995年成立了国家气候中心,专门从事气候监测、预测和评价等工作,为我国经济建设和社会发展提供了卓有成效的服务。目前,气候变化与生态环境问题已引起党和政府的高度关注。但是总体来看,迄今为止我国还未把适应与减缓气候变化影响的问题真正提上议事日程,这方面的研究仍十分薄弱和不足。由于全球气候变暖可能给我国自然生态系统和社会经济部门带来难以承受的、不可逆转的、持久的严重影响。因此,应对全球气候变暖的影响,趋利避害,应成为我国实施可持续发展时必须重视的问题之一。需要全面深入研究气候变化对我国自然生态系统和国民经济各部门的影响后果、可采取的适应与减缓措施,并在对其进行成本-效益分析的基础上,提出我国适应与减缓气候变化影响的规划和行动计划。

为了宣传和普及气候和气候变化方面的科学知识,提高公众在全球变化问题上的科学认识,我们组织编撰出版这套《全球变化热门话题》丛书。本套丛书一共18册,由国内相关领域的知名专家撰稿,内容包括以下三方面:一是以大量监测数据为基础,揭示全球变化的若干事实及其在各个分系统中的表现形式;二是以太阳辐射、大气化学、大气物理、环境和生态演变等多学科交叉理论为基础,深入浅出地阐述气候变化的成因;三是以可持续发展理论为指导,提出人类适应和减缓全球变化的各种对策、途径和方法。该丛书的出版,旨在使人们对全球变化有清醒而全面的科学认识,从而更加关注全球变化,并且在更高的层次上、更广泛的范围内认识我国在全球变化中的地位和作用,自觉参与人类社会的共同决策,保护人类赖以生存的地球环境。

国家气候委员会主任
中国气象局局长

2003 年 3 月 23 日

目　录

序言
第一章　冰川系统 ………………………………………（1）
　　冰川与冰冻圈 ………………………………………（1）
　　　　冰川 ………………………………………………（2）
　　　　冰冻圈 ……………………………………………（3）
　　作为系统的冰川 ……………………………………（4）
　　　　冰川与冰盖 ………………………………………（4）
　　　　冰川系统 …………………………………………（5）
　　冰川与地球其它圈层的关系 ………………………（7）
　　　　地球表层系统 ……………………………………（8）
　　　　地球系统的五圈 …………………………………（9）
　　冰川的功能与主要作用 ……………………………（11）
　　　　冰川的功能 ………………………………………（12）
　　　　冰川的主要作用 …………………………………（12）
第二章　冰川的形成与演化 ……………………………（17）
　　冰川的形成过程 ……………………………………（17）
　　冰川的类型 …………………………………………（21）
　　　　大陆冰盖 …………………………………………（21）
　　　　山岳冰川 …………………………………………（21）
　　冰川的运动 …………………………………………（23）
　　　　冰川的变形 ………………………………………（23）

      冰川的底面滑动 …………………………………… (24)
      冰床变形 ………………………………………… (25)
  冰川的地貌过程与形态 ……………………………… (26)
      冰蚀地貌 ………………………………………… (28)
      冰碛地貌 ………………………………………… (29)
      冰水堆积地貌 …………………………………… (29)
  冰川的波动 …………………………………………… (30)
  地质历史时期的冰川变化 …………………………… (34)

第三章　雪冰与气候的关系 …………………………… (37)
  作为气候产物的雪冰 ………………………………… (37)
      影响雪线高度的主要因素 ……………………… (38)
      积雪的分布及其作用 …………………………… (39)
  雪冰形成过程中的气候影响因子 …………………… (40)
  雪冰纪录的物理、化学及生物地球化学信息 ……… (45)
      温室气体 CO_2 和 CH_4 ……………………… (46)
      低分子量可溶性有机酸 ………………………… (47)
      人为有机污染物 ………………………………… (49)
      高碳数有机质 …………………………………… (50)
  雪冰中气候信息恢复 ………………………………… (51)
      空间分布 ………………………………………… (52)
      季节变化 ………………………………………… (54)
  雪冰界面的地气相互作用 …………………………… (57)
      冰雪表面的辐射性质 …………………………… (59)
      冰雪-大气间的能量交换和水分交换特性 …… (59)
  雪冰中的能量交换过程 ……………………………… (61)

第四章　冰川融水与全球水循环 ……………………… (67)
  冰川为固体水库 ……………………………………… (67)
  冰川——人类重要的淡水资源 ……………………… (72)

  冰川融水对河流的补给 ……………………… (75)
  冰川融水对海洋的补给 ……………………… (78)
  冰川在全球水循环中的作用与功能 ………… (81)
  冰川水资源对气候变化的响应 ……………… (83)

第五章 冰川在全球变化中的功能与作用 …………… (89)
  全球冰雪分布的特点 ………………………… (89)
  雪冰——气候变化的敏感区 ………………… (92)
  雪冰变化——气候变化的驱动器和放大器 … (95)
  全球变化的雪冰信息记录 …………………… (98)
    米兰可维奇循环 ………………………… (98)
    急剧的气候变化 ………………………… (99)
    温室气体含量的变化 …………………… (99)
    南北半球气候变化的差异 ……………… (100)
    高纬度与高海拔的气温变化幅度 ……… (101)
    大气尘埃含量变化 ……………………… (101)
    太阳活动 ………………………………… (102)
    地磁场强度变化 ………………………… (103)
    火山活动 ………………………………… (103)
    生物地球化学循环 ……………………… (104)
    超新星爆炸 ……………………………… (105)
    微生物及其 DNA ……………………… (106)
    人类活动 ………………………………… (107)

第六章 冰川对古气候和大气环境变化的纪录 ……… (109)
  氧同位素与古气候 …………………………… (109)
  冰芯记录能够告诉什么 ……………………… (111)
    气溶胶 …………………………………… (113)
    大气微量气体 …………………………… (114)
    硝酸根和硫酸根 ………………………… (115)

同位素温度记录 ………………………………… (116)
　42万年来南极东方站冰芯纪录的气候与大气变化 … (117)
　　　温度变化 ………………………………………… (119)
　　　温室气体 ………………………………………… (119)
　古里雅冰芯纪录的末次间冰期以来气候变化……… (120)
　中国西部全新世冰川波动反映的气候变化………… (122)
　小冰期的气候变化 ………………………………… (124)
　冰芯揭示的南极地区近100年来气候变化………… (127)
　气候突变的纪录 …………………………………… (130)
　冰芯记录所揭示的青藏高原近年来的增温………… (131)
第七章　冰川与人类的关系 ……………………………… 133
　冰川的进退与人类演化发展……………………………… 133
　冰川融水与绿洲发展……………………………………… 136
　冰川与人类健康…………………………………………… 138
　冰川与灾害………………………………………………… 142
　　　我国冰雪灾害类型……………………………… 142
　　　我国冰雪灾害的特点…………………………… 143
　冰川——人类宝贵的财富………………………………… 146
　　　冰川与水资源…………………………………… 146
　　　冰川与能源……………………………………… 148
　　　冰川与旅游……………………………………… 148
　　　冰川与饮用水…………………………………… 148
　冰川资源的保护…………………………………………… 149

参考文献

第一章 冰川系统

冰川与冰冻圈

冰川学是研究地球表面各种自然冰体的学科。自然冰体包括山岳冰川、大陆冰盖、海冰、河冰、湖冰、地下水、季节性结冰以及积雪和运动中的雪等。早期只研究冰川,现已扩展到研究地表一切形态的自然冰体。

冰川学以冰川物理为主体,冰川水文气候和冰川地质地貌为两翼发展着,冰川物理学研究冰的内部结构、力学、热学、电学性质和化学成分,其中冰力学研究冰的流变,各种天然冰体的应力分布和运动状态,冰川、雪崩、风吹雪的动力学问题,冰川的跃动等。冰热学研究天然冰体内部温度变化,冰的热学和辐射性质,相组成和相态转换等。冰地球化学研究分析冰内杂质和痕量元素,氢、氧同位素和某些组成的变化。

随着近年来深钻孔冰芯分析技术的发展,冰川化学已成为分辨率高、保真性强的重建古气候、古环境的重要手段,促进了冰川化学研究的突飞猛进。冰川水文和气候研究冰川与大气相互作用,热量和物质收支,消融与产生径流过程,冰川对河流的补给作用,冰川洪水,冰川泥石流以及冰川对气候变化的响应等。冰川地质和地貌研究冰川对冰床的侵蚀、岩屑搬运和堆积过程、形态、沉积特征以及在古地理、古气候变化中的作用和对环境指示的意义等,这里有相当部分称为第四纪冰川研究。从冰芯钻探分析取得万年以至10万年尺度记录后,冰川地质和冰芯研究资料的汇合,显著提高了第四纪冰川研究水平,成为古气候全球变化研究的重要内容。

冰川和雪线

　　冰川冰是由降落到地面的雪转变而来的。雪的晶体逐步圆化变为粒雪,并使积雪的密度逐渐增加。这一过程在温度接近融点和存在液态水时进行得最快。其后,占优势的重结晶作用的平均粒径增大。当集合体的密度达到约 $0.84g/cm^3$ 时,颗粒之间便没有空隙,而变得不可渗透。这标志着从粒雪到冰川冰的转化。

　　冰川是一种由多年降雪不断积累变质形成的,具有一定形状和运动着的、较长时间存在于地球寒冷地区的天然冰体。冰川不同于一般天然或人工冻结的冰,它能够在自身重力的作用下,沿着一定的地形向下滑动。

　　冰川存在于极寒之地。地球上南极和北极是终年严寒的,在其它地区只有高海拔的山上才能形成冰川。我们知道越往高处温度越低,当海拔超过一定高度,温度就会降到0℃以下,降落的固态降水才能常年存在。这一海拔高度在冰川学上称之为雪线。

冰川

　　冰川学是一门跨界科学。它与气象学、水文学、数学、物理学、自然地理学、地貌学、第四纪地质学、测量学、同位素化学、遥测、遥感以及工程技术等都有密切的联系。

冰川是冰冻圈的重要组成部分,是自然界中最宝贵的淡水资源。地球上陆地面积的十分之一被冰覆盖,五分之四的淡水储存于冰川。尽管冰川储量的96%位于南极大陆和格陵兰岛,但是其它地区的冰川由于临近人类居住区而更有利用的现实意义,特别是亚洲中部干旱区,历史悠久的灌溉农业一直依赖高山冰雪融水。

冰冻圈

冰雪圈又称冰冻圈,它由在一定低温条件下固态水冰川、冰盖、积雪、海冰、河湖冰等以及地下冰掺杂的多年冻土、季节冻土等组成的特殊圈层。现在,当前多年冰雪覆盖了全球海洋面积的7%,陆地面积的11%,多年冻土占有陆地面积的24%,季节性冰雪在1月覆盖陆地面积的15%,在7月覆盖9%,而季节冻土更为广泛。上述冰、雪、冻土主要分布在高纬度两级地区,在中、低纬高山、高原也广泛分布,特别在以青藏高原为主体的高亚洲冰冻圈在全球变化中有独特的作用。因冰雪圈分布如此广泛,它和大气圈、水圈、岩石圈、生物圈一起组成地壳表层的五大圈层共同对气候作用,构成全球变化的复杂系统。

冰雪圈在气候变化中起了很大的的作用,冰雪圈虽是气候的产物,但一经生成,又对气候有重要的反馈作用:

一是通过冰雪的反射率和冰川融化起作用。干净冰雪的反射率比土和水大得多,又由于冰川融化热和水的汽化热分别是同体积液态水升高1℃所需热量的80倍和539倍,因而冰雪圈在地表热量平衡中有举足轻重的作用。每年到达地面的太阳能大约有30%消耗于冰雪圈中,冰雪下垫面的变化主要是冰盖、海冰和积雪的收缩与放大,对能量平衡为基础的气候模式有重要影响。例如青藏高原积雪异常对东亚大气环流、印度降水以及长江中下游梅雨都有相当的影响。

二是通过水循环影响气候。全球变暖、冰川和冰盖融化促使海平面上升,海洋面积扩大,蒸发增加,由海洋上水汽输送到大陆,大陆降水亦相应增加,如在 2 万年前的末次冰期盛时,水分集中在冰盖上,海面比现在低 140m 左右,现在渤海、黄海、东海等大部分转为陆地,台湾与大陆联成一片,夏季风萎缩,陆地上降水量大幅度减小,从东北到长江流域的降水可能不足现代的一半。

冰冻圈是地球表层和气候系统的重要组成部分,而冰川是冰冻圈系统三大组分之一。以冰雪冻土为重要组分的冰冻圈在全球气候环境变化研究中的重要作用被日益关注。考虑到冰雪界面特有的反射率-气温负反馈机制,区域分布的冰雪冻土变化不仅会引起当地气候环境变化,而且会制约地气系统的质能交换,从而影响大范围甚至全球气候的变化进程。

作为系统的冰川

冰川与冰盖

冰川和冰盖是地球上最为神奇和壮观的现象,占据了地球表面 10% 的面积,锁固了大约 $33 \times 10^6 km^3$ 的淡水,如果全部融化可使全球海面上升 70m。在过去 200 万年的第四纪时期,全球冰覆盖曾大幅扩张,当时地球表面的三分之一被冰覆盖。

冰川也是气候变化的敏感指示器,其生长和退缩响应着气温和降雪量的变化,因此,冰川的波动是全球气候系统研究中具重要价值的信息源。另一方面,冰川和冰盖本身也影响着区域和全球气候,改变着大气环流系统。

冰川为什么会形成,在什么地方形成,什么时候形成,它们是如何影响着地表景观、全球气候和海洋的?要回答这些问题,就要把冰川作为一个系统来看,了解系统的输入和输出,及其与其它系统的相互作用,如大气、海洋、河流和景观。图 1.1 显示了一个简化的冰川系统的基本分量。冰川系统的物质和能量进入包括降水、岩石碎屑、重力、太阳辐射、地热,及其由水汽、水、冰、岩石碎屑和热释放到系统的物质和能量。物质和能量通过系统按一定的速率进行交换,并在一定时段储存在冰川内或冰下。

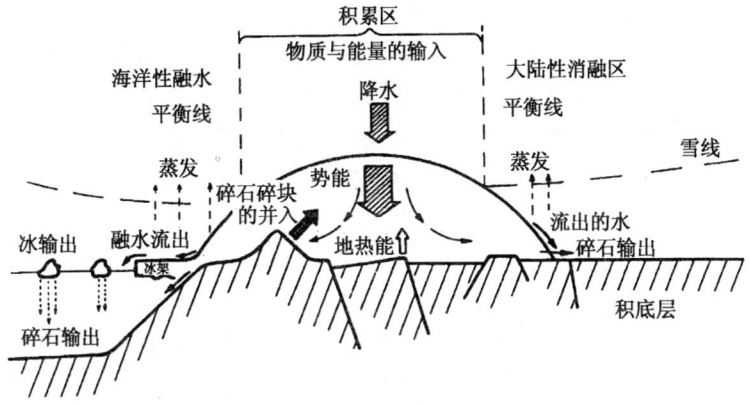

图1.1 冰川系统物质和能量收支的横切冰盖或冰帽的理想剖面

冰川系统

冰川系统最重要的收支来自直接的降雪、风吹雪,及其冰川表面以上山坡的雪崩所带来的雪和冰。与冰川物质收入有关的所有过程称为冰川的积累,而与冰川上物质损耗有关的所有过程统称为冰川消融。

积累与消融之间的数量关系称为冰川的物质平衡,物质平衡通过冰体运动机制反映到冰量的变化,则称为冰川波动。冰川与大气圈和水圈之间不断进行着的物质交换,实现水的循环并维持冰川的动态平衡。

冰川的积累由降雪、凝华、雨水再冻结以及由吹雪与雪崩等雪的再分配等组成。中国西部多数冰川属于大陆性冰川,冰川区的降水量小,气温较低,冰川积累强度弱,主要靠夏季补给,属于暖季补给型。只有西藏东南部海洋性冰川属于冷季补给型,积累强度通常比大陆性冰川高1～2倍。消融包括冰雪融化并形成径流、蒸发、崩解、风吹雪及冰崩流失等过程。

在温带冰川区,冰川物质支出以冰面融化为主;在极地冰盖与冰川以及少数温带山地大冰川末端以崩裂、蒸发等为主;还有一些温带冰川存在冰下和冰内融化。

无论是冷季补给型还是暖季补给型,冰川的消融都集中于夏半年。冰川融水径流包括冰川水、粒雪和冰川表面积雪融水汇入冰川末端河道形成的径流,是高寒山区河流的重要水源。

冰冻圈是指地球表层水以固态占据的那部分,包括海冰、湖冰、河冰、积雪、冰川、冰帽、冰盖及冻土(包括多年冻土)。冰冻圈是全球气候系统的一部分,通过对地表能量和水汽通量,云,降水,水文及大气环流和海洋环流的影响,形成对气候系统的联系和反馈。

冰冻圈在全球气候,气候对全球变化的响应以及作为气候系统变化的指示器等方面都具有非常重要的作用。在全球冰冻圈中,各分量由于受气候和其它因素的波动影响,一直处于不断变化中。

积雪:积雪在构成冰冻圈的所有分量中覆盖的面积最大,年平均达 $26\times10^6 km^2$ 范围。地球的大部分积雪分布在北半球,具季节变化周期,北半球平均积雪面积从 1 月的 $46.5\times10^6 km^2$ 到 8 月的 $3.8\times10^6 km^2$ 间变化。

海冰:海冰是由海冰冻结而形成,大部分分布在极地海洋。在南北半球都具有季节性、区域性和年际的变化特征。按季节变化讲,海冰的范围在南半球从最小的 2 月份 $3.0\sim4.0\times10^6 km^2$ 到 9 月的 $17.0\sim20.0\times10^6 km^2$,可相差 5 倍;而北半球其变化要小的多,北冰洋由于大陆地形限制和处于高纬度地区,其海冰大部分为多年冰盖,并且周围的陆地也限制了冬季海冰向赤道方向的扩张。因此,北半球海冰面积从 9 月最小的 $7.0\sim9.0\times10^6 km^2$ 到 3 月最大的 $14.0\sim16.0\times10^6 km^2$,仅相差 1 倍。

淡水冰:淡水冰是指由于季节变冷在河流和湖泊上形成的冰。其封冻与开河过程受大尺度及局地天气因素影响,冰的出现和消失日期具有年际变化特征。湖冰观测的长时间序列可以用作气候变化的指示器;其封冻与开河的趋势可以提供气候振荡的综合性和季节变化指标。

冻土和多年冻土：季节性冻土像雪一样，在全球分布的范围非常广泛，其冻结深度和范围变化是气温，雪深和植被覆盖，土壤水分等函数，时空变率非常大。多年冻土出现在多年平均地温在 -1℃的地区，连续多年冻土一般分布在多年平均地温在 -7℃以下地区。据估计，多年冻土面积大约占北半球陆地面积的 24.5%，最大区域分布在 60°～68°N 间。在西伯利亚东北部和阿拉斯加的北极海岸，冻土厚度超过 600m。多年冻土中，只有大约 $2.0\times10^6 km^2$ 面积是由真正的地下冰组成（富冰），其余地区为干多年冻土，仅仅是在 0℃以下的土壤和岩石。

陆地冰：冰盖是地球上最大的潜在淡水源，占全球总淡水量的 77%。以冰体储存的淡水相当于 71m 的世界海面变化，其中南极占 90%，格陵兰占 10%，其它冰体和冰川占了不到 0.5%。南极冰盖的大部分构成了一个 3000～4000m 的冰高原，格陵兰在其中心区也超过 3000m 厚。它们对大气环流和气旋系统的运动以及全球能量平衡都具有巨大的影响。

冰川与地球其它圈层的关系

冰、雪、冻土主要分布在高纬度两极地区，在中、低纬高山和高原也广泛分布，特别在以青藏高原为主体的高亚洲冰冻圈在全球变化中有独特的作用。它和大气圈、水圈、岩石圈、生物圈一起组成地球表层的五大圈层共同对气候产生作用，构成全球变化的复杂系统。

全球变化的研究对象包括地球系统的岩石圈、大气圈、水圈、冰冻圈、生物圈。发生在地球系统各部分之间的各种现象、过程以及各部分之间的相互作用。全球变化的过程涉及三个基本方面：物理过程、化学过程和生物过程。在这三个过程之间也存在着相互作用。此外,人类活动正以不同的方式在不同程度上影响着地球系统。同时,人类社会的持续发展也面临着全球变化带来的影响。

全球变化可以分为两个过程体系:物理气候系统和生物地球化学循环。

物理气候系统的子系统主要涉及:大气物理与动力学、海洋动力学、地表的水汽和能量循环;

生物地球化学循环的子系统主要涉及:大气化学、海洋生物地球化学和陆地生态系统。

每个子系统都直接或间接地同其他子系统发生相互作用。驱动全球变化的最终能源是太阳能,能量和水以各种方式贯穿于整个体系。

地球表层系统

地球表层系统是一个多相界面层(multi-phases boundary layers)系统。气候的变化是大气圈、水圈、冰雪圈、岩石圈、生物圈五大圈层相互作用的结果。

气候系统是指包含大气及地球表面的一个完整的体系,其成员包括大气圈、水圈、冰雪圈、岩石圈(陆地表面)和生物圈。气候系统的各成员之间有着极其密切而复杂的相互联系和相互作用。

海洋是热容量最大的成员,是整个系统的热量储藏库与调节器,海洋与大气通过动量、热量及其辐射之传输而互相作用,并在相当大程度上决定了系统的物理状况。

大气圈与水圈(主要是海洋)之间不仅有水汽交换,也包括二氧化碳(CO_2)等大气化学成分的交换,海洋对二氧化碳融解是影响大气中二氧化碳浓度的重要元素。

冰雪覆盖可以改变地表反照率,阻止地气与海气之间的热量交换。

地球表面通过火山爆发、沙漠扬尘及海浪飞沫中的盐粒给大气提供气溶胶,影响大气中的辐射过程,并可影响降水过程。

生物圈的作用受人类活动影响巨大,砍伐森林、燃烧化石燃料,增加了大气中的二氧化碳;过度放牧及开垦荒地破坏了植被,改变了地表的物理状况。

图 1.2 为全球多层圈相互作用的气候系统模式综合示意图。

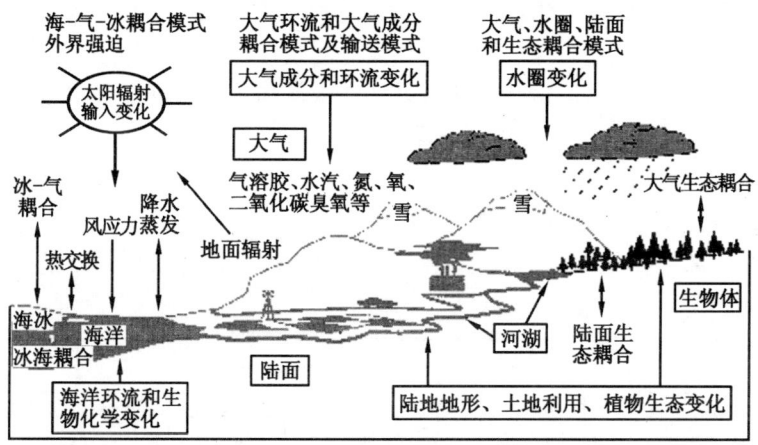

图 1.2　全球多层圈相互作用的气候系统模式综合示意图

地球系统的五圈

大气圈：是指包围地球的整个大气层。近几十年来,全球范围内频发极端气候事件,同时向着更极端异常方向发展。砍伐森林造成二氧化碳吸收减少,大量水土流失,也影响着气候,气候的变化又影响水圈的平衡,水资源分布更加不均。由于人为过度的工业燃气排放而使大气成分发生着改变,使气候增暖,气候增暖又影响了冰雪圈、水圈和生物圈等,使我们深刻地认识到气候系统五大圈层之间的相互作用、相互依赖的关系。人类活动影响全球气候系统这已经是一个不争的事实,以气候变暖为主要特征的气候变化问题正摆在我们的面前。

水圈：主要指的是海洋，因为海洋占到地表面积的 2/3 以上。海洋作为地球水圈的最重要组成部分，同气候系统各圈层之间存在着相互依存、相互作用的关系，是控制地球表面的环境和生命特征的一个基本环节。海洋对于气候的形成及其变化影响非常大。到达地球的大部分太阳辐射落在海洋上并被海洋吸收。由于海洋的质量和比热很大，构成了一个巨大的能量存贮器。近年来，"知名度"很高的厄尔尼诺就是赤道太平洋中部和东部海洋表面温度持续异常增暖的一种海洋异常现象。当厄尔尼诺发生时，热带中、东太平洋海温迅速升高，直接导致我国夏季主要雨带偏南，长江和淮河流域多雨的可能性增大，北方地区则少雨干旱。

冰雪圈：又称冰冻圈，图 1.3 所示为冰冻圈与气候系统的相互作用。

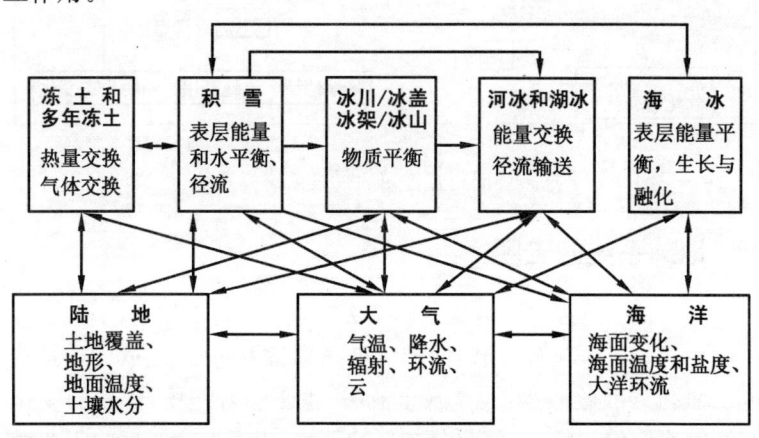

图 1.3　冰冻圈与气候系统相互作用示意图

冰雪圈由在一定低温条件下固态水冰川、冰盖、积雪、海冰、河湖冰等以及地下冰掺杂的多年冻土、季节冻土等组成。冰雪圈虽是气候的产物，但又对气候有重要的反馈作用，一是通过冰雪的反射率和冰川融化起作用，二是通过水循环影响气候。

岩石圈：是指从陆地表面以下的大约 75km 的地球厚度层。岩石圈作为大气系统的下垫面，具有历史气候档案库的重要作用。气候给予人类一个万紫千红的世界，岩石圈——这个世界赖以生存的基础才能如此美妙。空气稀薄且寒冷的高原，千古不化的冰川，还有寒带、温带、热带……红土地是南方暖湿气候的产物，干冷却使北方以黄土地而闻名，桂林山水甲天下，那当然也是大自然的杰作。还有，一场沙尘暴过境，会给所到之处留下数万吨沙砾。气候变暖，海平面上升，一些岛国也许就有被海水吞没之虞。岩石圈里沉积的物质，无论是海底还是陆上，都向科学家们提供了珍贵的信息。几千万年来气候是如何变化的？除了本身的科学意义外，还可推测以前的气候状态及为今后推测气候发展趋势提供依据。

生物圈：是指地球上所有动物、植物在陆地、海洋和大气中所处的层位。在生物圈中植被的代表性最大，它是气候、土壤等环境最显著的指示。在陆地的生态系统中，植被的重量或体积占 90%～99%以上，一般来说，在生态系统研究中以植被为主体。在地球上植被的分布主要取决于气候条件，比如地球分为几个带，这几个带的气候不一样，因此其水热的组合也不一样，所以植被的分布不一样，有的是森林，有的是草原、有的是荒漠，所以一般说气候对植被的分布是具有决定性的，植被本身通过调节温度、水分的作用也会影响到气候的变化。

冰川的功能与主要作用

就冰川和气候变化关系来说，冰川是古气候与古环境的重要信息库，是气候变化的灵敏指示器；冰川是寒冷气候的产物，但一经形成，又对气候有重大的反馈作用。

冰川对于气候系统的反馈作用之一，表现在其表面气候要素的变化特征上。冰雪面反射大，加之冰雪融化和蒸发耗热使得下垫面对大气的加热作用强度较之其它下垫面弱得多。从而形成贴地层低温的稳定层结,这就是所谓冰川对大气的"冷却作用"。

冰川的变化对水资源、环境生态、冰雪灾害、砂矿和旅游资源以及多种工程建筑有重大影响。

冰川的功能

冰川既是气候变化的纪录器,又是气候变化的驱动器。冰川作为固体水库,是全球水循环的重要部分,冰川的融水变化对下游的社会经济发展具有深远的影响。

冰川是重要的水资源,是大江河的发源地。在高山流域,冰川积雪及其融水径流对于维持江河源区的水量稳定,高山脆弱的生态环境都具有重要的作用。因此,冰雪资源在江河源区的水量平衡和生态平衡上都起重要的作用,它的变化直接影响到区域的生态环境波动,在未来生态建设中是一重要的因素。

冰川是干旱区重要的水资源,对维系区域脆弱的生态平衡具有重要的意义:

(1)冰川是本区气候和环境变化的预警和记录器;

(2)冰川作为固体水库对下游的水资源的平衡和分配起调节作用;

(3)冰川作为特殊的自然景观是重要的旅游资源。

冰川的主要作用

由于冰川的运动特征,对地表具有侵蚀和堆积作用,使它成为塑造地表形态的重要外营力之一。

冰川可作为气候变化的指示器,其末端进退、厚度增减、面积扩缩可反映气候变化状况;又可对气候产生反馈作用,成为气候形成的重要因子。如大陆冰盖对全球大气环流和气候有重大影响,而山地冰川对大范围气候影响较小,但对局部气候的影响不可忽视。

在极地和中低纬高山冰川区,冰川本身是自然地理要素之一,形成独特的冰川景观。规模较小的冰川只对附近地区的气候发生影响,巨大的冰川如南极和格陵兰冰盖,则对广大地区甚至全球气候产生影响。作为一种特殊的下垫面,冰盖的扩展将大大增强地球的反射率,从而促使地球进一步变冷,并影响气团性质和环流特征。

在地球水圈的水分循环中,冰川也有重要的作用。据计算,目前全球冰川的平均年消融量约 $3000km^3$。这一数字近乎全世界河流水量的 3 倍。冰盖消融量的增减,将直接影响海平面的升降。

大气降水到达地面后,由于蒸发、蒸腾和渗透等原因,只有一部分转变为地表径流。冰川表面不存在蒸腾,蒸发量及渗透量都非常小。所以,到达冰川表面的降水几乎可以全部转化为地表径流。冰川不仅是河流的补给来源,还是其调节者。冰川冰从积累区向消融区运动的结果,使长期处于固态的水转化为液态。但是,低温而湿润的年份,冰川消融将受到抑制;高温干旱年份,消融则将加强。这样,冰川就对径流起到了调节作用。

冰川推进时,将毁灭它所覆盖地区的植被,动物被迫迁移,土壤发育过程亦将中断。自然地带将相应向低纬和低海拔地区移动。冰川退缩时,植被、土壤将逐渐重新发育,自然地带相应向高纬和高海拔地区移动。

冰川的侵蚀和堆积作用显著改变地表形态,形成特殊的冰川地貌。在古冰盖掩覆过的地区,如欧洲和北美,这种冰川地貌可以占据成千上万平方公里的广大范围。在山岳地区,冰川地貌显示出许多独有的特征。

冰川体一方面有巨大的压力(100m 厚的冰体,冰床基岩所受的静压力为 $90t/m^2$),一方面又是运动的(运动速度与冰床坡度成正比),故挟带岩石碎块的冰川对冰床和谷壁有很强的侵蚀作用。对一个突起的岩丘,其迎冰面以刨蚀(磨蚀)为主,背冰面以挖掘为主,形成羊背石。刨蚀作用造成擦痕、刻槽和磨光面等冰蚀地貌形态,同时产生大量碎屑物质,即冰川乳或冰川粉。挖掘作用形成冰床阶梯和岩坎,为冰川补充冰碛岩块。对于冰川地貌的塑造挖掘作用大于刨蚀作用。

冰川流属于块体运动,故冰碛物与其它任何外营力搬运的沉积物明显不同,除非经后期冰川或冰水侵蚀,冰碛地貌(如终碛垅、侧碛垅、表碛丘陵、冰碛台地、底碛丘陵和平原、鼓丘等)将会保存较长时期。

冰川沉积作用的强弱,与冰川类型、运动速度及挟带岩屑的多少直接相关。

海洋性冰川的运动速度快,侵蚀能力强,挟带岩屑多,冰川沉积作用就强,冰碛地貌的规模也大;反之,大陆性冰川的沉积作用较弱,冰碛地貌的规模较小。凡有冰川作用的地区,冰川侵蚀与冰川沉积都是同时发生的,故在研究识别古冰川作用时,必须同时注意观察冰川侵蚀地貌和冰川堆积地貌,并找出它们的内在联系。

由冰川侵蚀而成的谷地横剖面呈 U 形,故又称 U 形谷。其主要形态特征是有近于平直的通道和明显的谷肩;没有伸入谷地的交叉山嘴;谷底和谷壁有羊背石、磨光面和冰川刻槽及擦痕等冰川侵蚀形迹。

一般认为,冰川槽谷是冰与水交替作用的产物。冰期时,冰川充填山谷,谷地几乎不受流水侵蚀;间冰期时,冰川消退,融水侵蚀谷底,下切成更窄的谷形。再一次冰期来临,冰川又充填谷地,形成典型的槽谷地形。冰川槽谷的横向拓宽和纵向延伸同冰缘作用、粒雪盆溯源侵蚀后退和冰舌前进推移等多种作用的参与有关。

因冰川的搬运方式特殊,几乎没有流水参与,故冰碛物的分选极差,大小岩屑混杂,没有层理。冰川岩屑有的来自冰面,有的来自冰内和冰下。

按冰碛沉积位置分为前碛、表碛和底碛;按其成因过程分为流碛、底流碛、融出碛、升华碛、滞碛和变形碛等。

冰碛所构成的地貌类型分为终碛垅、侧碛垅、中碛垅、槽碛垅和冰碛丘陵。冰碛的形态特征与成因过程互相联系。一种冰碛地貌形态如冰碛垅,可由多种成因的冰碛物组成。融出碛、滞碛或流碛均可组成终碛垅。

冰川具有巨大的驮运能力,可驮运直径数米至数十米的冰漂砾。识别冰碛物的主要标志是:岩块和岩屑粗细混杂,分选性极差,无层理,岩性简单,漂砾具有冰擦痕,地貌形态呈垅岗或丘陵状。泥石流和冰水堆积也常具有相似的某些特征,必须在实际调查中予以区别。

不同类型冰川的冰碛地貌差别很大。海洋性冰川的活动性大,搬运能力强,故冰碛垅和冰碛丘陵特别高大;大陆性冰川比较稳定,活动性和搬运能力较小,冰碛地貌的规模也小。大陆冰盖与山地冰川相比,前者以终碛垅和冰碛丘陵为主,后者以排列有序的侧碛垅和终碛垅为突出特点。

冰碛是反映冰川作用所及最大范围的标志,故根据不同时期冰碛的性质和分布规律,可追溯古气候变化的历史。同时,冰碛的水文地质和工程地质特性及含矿性与其它沉积地层不同,识别和深入了解各类冰碛的性质、对于某些地区的经济建设尤为重要。

经冰川融水搬运的沉积物分为两类:

接冰的冰水沉积　沉积物和地貌与冰川体直接接触,分布在冰川范围内,如冰面湖泊沉积和冰下河流沉积等。冰面湖泊原是负地形,接受冰水搬运的物质,形成有斜层理的砾石层,冰体消退后,这些冰水物质落到冰川底床,形成小丘状的堆积地貌,称为冰砾阜。冰下河流搬运的砂砾,在出口处堆积成锥体,随着冰体消退,冰下河流出口也逐渐后退,锥体不断向上延伸而成砂砾堤,高数米或10m,长可达数千米至数十千米,蜿蜒曲折,故名蛇形丘。

这类冰川沉积地貌主要发育于大陆冰盖或巨大山麓冰川前缘,山地冰川区少见。

不接冰的冰水沉积　分布在冰川沉积区以外,与冰川体无直接接触,地貌形态主要是冰水扇和冰水平原,前者多见于山地冰川区,后者多分布在大陆冰盖区。冰水沉积物的结构与山区河流沉积物相似,层理较粗,颗粒较粗大,分选不太好。有时含粉沙及黏土透镜体。冰水沉积物以富含粉沙为特征,为冰川研磨的结果。

中国西部山区冰水湖泊沉积物中,粉沙含量多达 60%～70%。受冰水补给的湖泊沉积,因夏季冰水流量大,带入湖泊的物质以沙为主;冬季冰川停止消融,冰水断流,湖泊沉积主要为粘土和有机物,在一年中形成了层理很薄、粗细交替的韵律层,称为纹泥或季候泥。根据纹泥层的层数,可追溯冰川消退的年代。

第二章
冰川的形成与演化

冰川的形成过程

冰川的主体由降雪积累而成,由雪到冰的演变叫成冰作用。雪是一种易变物质,从它降落到地面之时起,便不断地演变。新降的雪具骸晶形态,当骸晶形态完全消失而成为大体圆球状,这样的雪称之为粒雪。雪和粒雪晶粒之间的孔隙,与大气相连通。在成冰过程中,总的趋向是密度不断增大,孔隙率不断降低。一旦孔隙完全封闭成气泡,与大气不再沟通,则认为粒雪变成了冰。此时,冰的密度在 $830 kg/m^3$ 左右。因温度是否达到融点和温度梯度大小的不同,雪至粒雪发生的演变可分为融点下的演变、等温条件(温度低于融点但温度梯度很小)下的演变和温度梯度(温度低于融点但温度梯度大)下的演变。

冰川冰是一种浅蓝而透明的、具有塑性的多晶冰体。积累在雪线以上的雪,如果不变成冰川冰,就还是永久积雪,不是冰川。只有当多年积累起来的雪,逐渐演变成冰川冰之后,它才能沿斜坡流动,形成冰川。从新雪落地、积累、到变成冰川冰,经历着一个复杂的成冰过程,它实际上也是一种变质过程。成冰过程可以分为雪的沉积、粒雪化及成冰作用三个阶段。

新雪落地一般都十分松软,孔隙很大,其密度为 $0.01 \sim 0.1$ g/cm³,最小的甚至只有 0.004g/cm³,即只有 4kg/m³ 重,新雪堆积具有成层性等特点。

雪花晶体为了使自己内部能量达到最大限度的稳定,就必须使晶体所含的自由能最小。晶体的自由能主要是它的表面能,表面能的大小与晶体表面积成正比。各种几何形体中,球体表面积最小,也就最稳定,因而多角的雪花晶体要达到最理想的稳定状态,就必须圆化。新雪一经落地,这种自动圆化过程就开始了。圆化过程是通过雪花晶体枝角的升华,和凹窝处的凝华完成的。同时,小的雪粒通过升华—水汽迁移—凝华的相变过程转移到大的冰晶上。圆化的趋势是大晶体合并小晶体,结果使雪层内晶体数目减少,单个冰晶体积增大,形成圆球状的雪粒。这就是粒雪化的基本过程。在低温干燥的情况下,粒雪化过程很慢,-20℃以下时,可达几个月,粒雪的扩大也是有限的。当气温较高,雪层中发生融水活动时,粒雪化就进行得十分迅速,新雪落地不过数天或数小时,就演变成粒状雪晶了。粒雪化的必然结果是增大积雪的单位体积容量,缩小孔隙度,同时引起雪面下沉,使积雪的厚度变薄。粒雪的密度一般为 $0.4 \sim 0.6$ g/cm³,最高可达 0.7g/cm³。这时松散的雪粒就变成比较坚实的固结雪粒和聚合雪粒了。

粒雪变成冰川冰的成冰作用,按其变质性质,可分为冷型和暖型两种:

(1)冷型变质成冰作用是在低温干燥的环境下,而且冰层温度梯度很小,巨厚的粒雪层对下部的雪层施加巨大的压力,晶粒间的接触面积增大,通过分子扩散作用和晶粒内部变形,从而排出空气,孔隙率趋向封闭,促使粒雪进行重结晶,形成密度为 $0.9 \sim 0.92$ g/cm³ 的浅蓝色的冰川冰,因此这种成冰过程没有融水渗浸,为重结晶成冰过程,其特点是晶粒很小,常不足1mm。

(2)暖型变质成冰作用是,当气温较高接近0℃时,冰雪消融活跃,融雪向雪层内部的孔隙渗浸,渗浸融水携带的热量又部分地融化粒雪,出现融水放出热量时,部分融水冻结,这个过程反复进行,下渗的融水就逐渐以雪粒为核心,冻结或再结晶成冰,故属于渗浸成冰过程。渗浸成冰过程又视温度的高低和融水量的大小而分为冷渗浸-重结晶、渗浸-冻结、暖渗浸-重结晶等不同的成冰过程。渗浸冻结冰的密度一般高于暖渗浸重结晶冰,因其中所含的气泡少。我国冰川主要是由渗浸冻结或暖渗浸再结晶成冰过程形成的。

冰川自它的源头到末端,往往可穿越数千米的高度,其水热条件存在相当大的差别,在不同高度上,冰川表层的成冰作用也不同,即成冰作用具有按高度分带的特征,如图2.1所示。

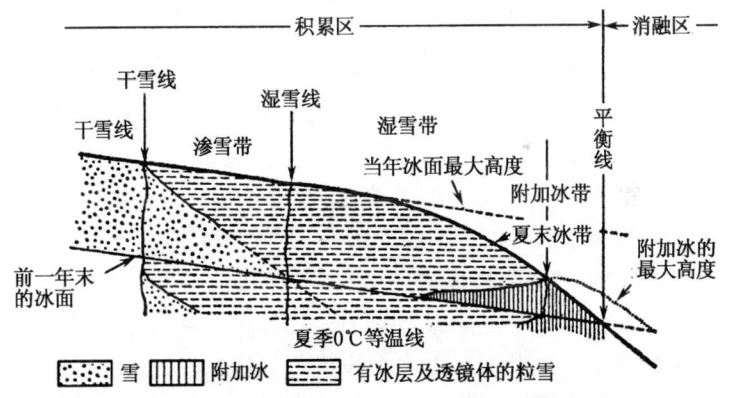

图 2.1　冰川的成冰带(引自 W.S.B.佩特森)

一般可区别如下的若干带:

消融带:即平衡线以下物质平衡为负的消融区。冷冰川和冷温复合冰川的消融带在消融期初可能在雪—粒雪下的冰面上形成附加冰,但在强消融期会融化殆尽。

附加冰带：位于平衡线之上。此带夏季融水充分，融水和粒雪的混合物冻结成冰连成整体，覆盖在上年形成的冰上，故称附加冰。消融期末，附加冰带冰面裸露。融水除在本带内成冰外，还有部分流失。附加冰完全在融点下演变而成。

湿雪带：位于附加冰带之上，又叫渗浸带、暖渗浸带。此带到了消融期末，本年度（物质平衡年）积累的雪层全部达到融点，并且有融水渗滤到上一个年层里，但不一定使之全部达到 0℃。形成的冰层、冰透镜体和冰腺被粒雪所分隔。没有融水从此带流失。从融点下的演变开始，最终由等温条件下的演变完成成冰作用。

渗滤带：位于湿雪带之上，又叫冷渗浸带。此带表层有些融化，有融水渗滤，在粒雪里形成数量不多的冰层、冰透镜体和冰腺，并使一定深度的雪—粒雪层升温至融点。但到消融期末，本年度积累的雪层未全部达到 0℃。没有融水到达上一个年度的粒雪层里。最后，靠等温条件下的演变经过许多年才完成成冰作用。

干雪带：位于渗滤带之上，即使最热月份也不发生融化。不经历融点下的演变，始终靠等温条件下的演变在很大的深度，经过很长的时间完成成冰作用。

由于气候波动，各冰川带的高度，范围也在波动。某些冰川边缘，包括积累区的上缘，由于地形影响，受热加强，或由于风吹雪导致积累减少，附加冰带可能再度出现。

冰川冰的结构是成层的，每年积累下来的冰层称年层。由于每年夏季新雪和雪粒融化形成一个浅黄色的污化面，故冰川层次反映了冰雪积累的周期变化，层理结构清晰的冰川冰，又具有塑性，因此受力后内部常产生褶皱、断裂和逆掩构造。

冰川冰在积累区形成之后，由于它有可塑性，在定向应力作用下沿坡向下移动，于是就形成了冰川。对山谷冰川来说，积累区就是雪线以上的粒雪盆，消融区就是雪线以下的长条形的冰舌。

冰川的类型

按冰川形态和运动特性可将冰川划分可分为大陆冰盖和山岳冰川两大类。

大陆冰盖

大陆冰盖也称大陆冰川,是补给区占优势的冰川,其特点是面积大,冰层巨厚,分布不受下伏地形的限制,冰川呈盾形,中部最高,冰体向四周辐射状挤压流动,至冰盖边缘往往伸出巨大的冰舌,断裂后入海,成为巨大的海洋漂浮冰。

现在的大陆冰盖主要分布在南极和格陵兰两处,它们形成的年代很古老,在第三纪时就存在了。这两个冰盖的面积约为 $14.65 \times 10^6 km^2$,占全球冰川面积的97%。冰盖的厚度达数千米,掩盖了南极大陆和格陵兰的原来的面貌。

据勘探查明,高达 2000~3000m 的山脉,低至海平面以下 1600m 的海渊,均为南极大陆冰盖的巨厚冰层所覆盖。

山岳冰川

山岳冰川也称山地冰川,是运动占优势、积累与消融大致平衡的冰川。一般散布于高山地区,其规模与厚度远不及大陆冰盖。山岳冰川的运动基本上受下伏地形控制,以重力流方式向下滑动。现代山岳冰川主要分布在欧亚大陆和南、北美大陆的高山区。

按冰川发育的水热条件和物理性质又可分为大陆型和海洋型两大类:

大陆型冰川:又称冷冰川,成冰过程以渗浸冻结成冰作用为主。特点是:

①补给少,降水不超过 1000mm;

②温度低,雪线附近年平均气温低于 $-8℃$,冰温恒为负温;

③雪线高,比海洋型冰川可高出 1000m;

④消融弱,尾端进退幅度较小;

⑤运动速度缓慢,一般年运动约 30~50m,侵蚀作用较弱。

我国天山、祁连山的中部和东部,昆仑山、青藏高原内部山地至喜马拉雅山中段北坡和西段的冰川,均属大陆型冰川。

图 2.2 所示为天山伊尼尔切克山谷冰川源区的照片。

图 2.2　天山伊尼尔切克山谷冰川源区

海洋型冰川:又称暖冰川,成冰过程以暖渗浸重结晶成冰作用为主。特点是:

①补给充分,雪线附近年降水量在 1000mm 以上;

②冰川主体(恒温层)温度较高,10m 深处的冰温接近 0℃;

③运动速度快,年运动约 100m 以上;

④雪线分布低,冰面消融强度大,每年可达 10m 水柱以上,而且冰川进退变化幅度也大,故冰蚀作用明显。

我国西藏东南部喜马拉雅山脉东段、念青唐古拉山脉的东段和川滇横断山脉的冰川,即属海洋型冰川。

冰川的运动

冰川运动机理有冰川冰的变形、冰在冰床上的滑动和冰床本身的变形。冰面运动是这三种机理的集中表现。

冰川的变形

在冰川所处的应力条件下,冰发生永久变形,其方式介于牛顿黏性和理想塑性之间。描述冰的应变率与应力之间的关系通常用如下格林定律:

$$\varepsilon = A\tau^n \tag{2.1}$$

式中 ε 为有效应变率,τ 为有效剪应力或有效应力偏量,n 为常数,A 则取决于冰温、晶体位向、杂质含量,可能还有别的因素。这一定律可用位错理论加以解释,但基本上是经验的,用实验室和野外资料拟合出来的,其应力范围在 $50\sim 200$ kPa 之间,为冰川常见的应力范围。

按层流模型,设冰层厚的方向为 z,其原点置于冰床上,流动方向为 x,总冰厚为 h,则 z 点的冰厚为 $(h-z)$,其剪应力 τ_{xx} 可表示为

$$\tau_{xx} = \rho g(h-z)\sin\alpha \tag{2.2}$$

式中 α 为冰床坡度。冰川底面 $z=0$,则有底面剪应力

$$\tau_b = \rho g h \sin\alpha$$

令 U 为 x 方向的运动速度,则有

$$U_s - U_z = 2A\tau_{xx}^n \frac{h-z}{n+1} \tag{2.3}$$

在底面上则有

$$U_s - U_b = 2A\tau_b^n \frac{h}{n+1}$$

式中 U_s 为冰面运动速度,U_b 为底面运动速度。

图 2.3 所示为冰川变形的坐标系统示意图。

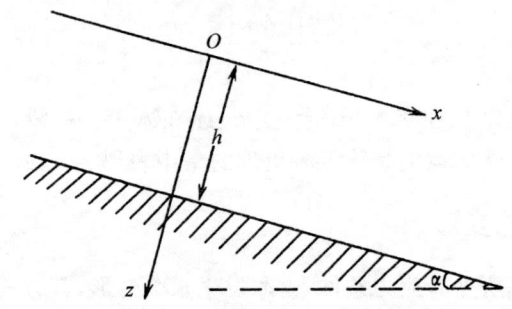

图 2.3　冰川变形的坐标系统示意图

冰川的底面滑动

冰川在冰床上的滑动通称为底面滑动。一般认为只有当界面上的冰处于融点状态时,才可以发生滑动。滑动的机理一是复冰作用,一是增强的黏性流动。

假定冰全部处于融点。冰床上任何突起都对冰川运动形成阻力,阻力产生在突起的迎冰面,迎冰面上的压力有所增加,因而融点降低,冰温比背冰面的低。于是有热量通过突起及其周围的冰从背冰面流向迎冰面,因为所有的冰都处于融点,流向迎冰面的热量使迎冰面一侧的冰融化。融水绕过突起,流向背冰面一侧并在背冰面冻结,因为融水温度比背冰面的冰低。这叫做复冰作用。

所有的冰都在发生黏性变形,在一突起前方,冰内纵向应力高于其平均值,因而应变率也高出其平均值。然而速度与应变率和距离的乘积成正比。于是出现由应力增强到速度增加,这就是增强的黏性流动。

有实验表明,由于冰和固体异物之间存在似液层水,在略低于融点的情况下也发生复冰作用。也就是说,冰川可以在融点以下发生底面滑动,不过那是微不足道的。

温冰川存在底面滑动是确信无疑的。在冷温复合冰川那些底面达到融点的区段也应该发生底面滑动。

底面滑动的显著标志是夏季冰面运动速度有明显的增加,那时,到达冰床的融水增加,融水的润滑作用增强。在我国许多冰川都测出夏季冰面运动速度高于年平均速度,足见底面滑动之普遍。

冰床变形

冰床变形是新近证实的冰川运动机理。在西南极冰盖的冰流,驱动应力只有20kPa,冰面运动速度却每年达数百米,那是因为下面有一层数米厚的碎屑物质,多孔而饱水,易于流动。其实,很少有冰川直接盖在基岩上,一般在冰川与基岩之间都有一层厚度不等的碎屑物质,从冰川末端刚退出来的地方可以看得很清楚。也就是说冰床一般不是刚性的、不透水的,而是易变形的和可透水的。相信冰床变形在我国也很普遍,在天山乌-1号冰川人工冰洞内的观测也证实了这一点。

冰床变形包括碎屑层全部或部分的黏性变形和沿分散的断裂面剪切变形等。孔隙水的存在会大大增加冰床变形。

影响冰川运动的因素有:

地面坡度 坡度越大则移动越快。

冰川厚度与温度 冰层越厚则压力越大,动能越大,运动速度越快。温度较高时则冰的活动力较强,移动较快。

地面的光滑度 地表越光滑则冰川移动阻力越小,移动越快,相反,若地表面粗糙不平,则阻力较大,移动较慢。

融冰含量 若温度升高,一部分的冰融化成水,则融冰含量增加,流动性增加,冰川移动较快。

冰川携带岩石碎片的影响 冰川所携带岩石碎片越多,则压力越大,动能越强,移动越快。

大陆冰川因重量大会压下地壳,因此中央部分的基盘岩石会成为不规则的碟状,并非成块状,而是像许多平面般移动。山谷冰川滑动最快的部分是在冰川的顶部,底部因为受到基盘岩石的摩擦力而移动甚慢。冰川移动的速度，在同一冰川内各部位有差异，而在冰川不同部位将产生不同形式的运动，冰川的运动由内部流动和底部滑动两部分组成。在每一冰川的横切面，其表面速度为中央大于两侧，这是因为冰川两侧受到两侧岩壁的阻力；同样的表面冰移动也较其内部为快。

一般而言，中间流动的速度较两侧为快，顶部较底部为快。冰川的运动主要是由两个部份组成，一部份的运动是冰川内部的运动，由下到上递增；另一部份的运动是冰川底部的滑动，称为"底滑"(basal slip)，是冰川底部因为融水的滑润而在底岩上的滑动。

在冰川的流动中，底滑的运动是大于冰川自己的内部运动的，所以，冰川的运动主要是靠"底滑"。对每一冰川而言，均有一堆积区和消融区，由雪线分隔，在雪线上冰积和冰融作用相等。堆积带中有上端雪不断的补充，同时有山谷两侧的雪崩供应大量冰雪；消融带中则发生冰雪的溶融及蒸发作用。

如果冰川的增补量和耗损量恰能平衡，则冰川就停留不再前进；如果增补量超过耗损量，则冰川向前移进；但如果耗损量超过增补量，则冰川向后退却。所谓退却，并不是指冰川真的向后退，因为冰川是固定向下移动，所以退却是指冰川分布范围缩小了。目前世界上的大部分冰川皆在退却的阶段中。

冰川的地貌过程与形态

冰川在运动时能对地表进行侵蚀。但冰川运动的速度缓慢，每年只有数十米至数百米不等。冰川各个部分的运动速度并不一致，其中从粒雪盆（雪线以上的积雪盆地，即冰川的补给区）出口到冰舌上部这一段速度最快；在横剖面上则以冰川中部为最快。实际观察还证明，冰川表面运动速度最快，且自冰面向底部递减。

冰川运动的速度有季节变化和日变化，一般是夏季快，冬季慢；白昼快，在粒雪盆中冰川有向心运动和下沉运动，在冰舌部分

第二章　冰川的形成与演化

有侧向运动和上升运动。

冰川运动是由可塑带的流动和底部的滑动组成的。而冰川滑动则是产生侵蚀作用的根本原因。

冰川是一种巨大的侵蚀力量。冰岛的冰源河流含沙量为非冰川河流的五倍,侵蚀力可能超过一般河流的10～20倍。冰川主要是依靠冰内尤其是冰川底部所含的岩石碎块对地表进行侵蚀。在冰川滑动过程中,它们不断锉磨冰川床,这种作用通常称为磨蚀（刨蚀）作用。另外,冰川下面因节理发育而松动了的岩块和冰冻结在一起,冰川运动时岩块被拔起带走,这就是拔蚀（掘蚀）作用。

冰川的搬运能力是惊人的。大陆冰川可以把大片基岩搬走;山岳冰川的搬运能力也不小。喜马拉雅山中即有直径28m,重量超过万吨的大漂砾。

地貌过程

地貌单元及地貌集合体随时间发生和发展的过程。按照地貌的时空尺度分为:

地质时期地貌过程　在循环时间（以百万年计）内大尺度区域地貌的演变过程,因受地质变动、气候变迁及全球性海面变化影响,其演变具有达到时间平衡状态的趋势。

历史地貌演变过程　在均衡时间（以百年计）内,中尺度地貌（如长河段及单个山坡）力图达到围绕一个稳定态平衡的演变过程。

现代地貌过程　在平稳时间（以年计）内,小尺度地貌（如某一河段或坡段）因环境变化使径流量及泥沙量波动而引起的年内和年际的变化过程。

20世纪30年代以前,人们注重对地质时期地貌过程的研究。60年代以来历史地貌过程和现代地貌过程的研究广泛开展,从内容和方法上加强了地貌过程细节和力学机制的分析。通过流域演化、河道变迁、河床演变、冰川运动和地下水活动,河口海岸带及风沙运动来研究地貌过程,尤其是研究现代地貌过程。在方法上,加强了定位观测、室内试验、定期测量（历史测图）与遥感图像分析等。并开始由定性描述向定量分析发展。

冰川通过磨蚀、拔蚀、雪崩和山坡上的块体运动获得大量碎屑物质。这些碎屑被冰川携带而下,通称运动冰碛。其中,出露于冰面的叫表碛;夹带在冰内的叫内碛;在冰川底部的叫底碛;位于冰川两侧的叫侧碛;两支冰川会合则形成中碛。

由于冰川的消融或负荷过多,被搬运的物质就堆积下来成为冰碛物。冰碛物往往是由漂砾(特大的石块)、砾石、砂和黏土组成的混合堆积物,因此有人把冰碛物称为冰砾泥。但由于冰川活动区岩性的影响,冰碛物的成分和粒度可有较大的差别。冰碛物缺乏分选,不显层次,但其中可夹有冰水形成的砂砾透镜体。冰碛物中常含有大量砾石,磨圆度差,多呈次棱角状。冰碛石表面常有冰川搬运时砾石与基岩或砾石之间相互刻磨而成的擦痕、刻槽及磨光面。冰碛物中的石英砂粒棱角尖锐。在冰川的研磨作用下,颗粒常具贝壳状断口。有些侧碛有冰川表碛滚落堆积,因而可出现明显向外侧倾斜的现象。有些冰碛石在运动过程中,适应冰流方向,调整自己的方位,其长轴顺冰流方向延伸。

冰川地貌分为冰蚀地貌、冰碛地貌和冰水堆积地貌三类。

冰蚀地貌

冰蚀地貌主要有冰斗、冰川谷、羊背石等。

冰斗 冰斗是山岳冰川作用的结果。冰斗呈剧场形状或围椅状,三面环以陡峭的岩壁,开口处为一高起的冰槛(岩槛),因而冰斗底部是一个洼地。冰斗按其分布位置。可分为谷源冰斗和谷坡冰斗两种。相邻冰斗后退可形成刃脊和角峰。冰斗发育于雪线附近,因而具有指示雪线的意义。

冰川谷 冰川谷是冰川下蚀和展宽形成的槽谷,谷底自上游向下游变窄,谷地两侧常有谷肩和冰川切削山嘴而成的三角面,横剖面呈U形或槽形,故又称U形谷或槽谷。冰床上常有冰川差别侵蚀形成的冰坎与冰盆。在支冰川注入主冰川的汇合处,常在谷肩出现悬谷。峡湾是冰川谷的一种特殊形式。在大陆冰川或岛屿冰盖入海处常形成许多峡湾,它是过去溢出冰川的信道。

羊背石 羊背石在冰床的表面,由冰川侵蚀形成一些似羊背的石质小丘,称羊背石。羊背石的迎冰川面因受磨蚀而平缓,布满磨光面、擦痕、刻槽等微形态;背冰川面因受拔蚀多为参差不齐的陡坎。

冰碛地貌

冰碛地貌可分为冰碛丘陵、侧碛堤、终碛堤和鼓丘等。

冰碛丘陵 冰碛丘陵是冰川后退过程中,由于冰体的逐渐消融,原来的表碛、内碛、中碛都堆积在底碛之上形成的,表面丘陵起伏,洼地常常积水。冰碛丘陵以大陆冰川区分布最广,高度由数十米至百余米。大规模的山岳冰川区也能形成冰碛丘陵,分布在冰川谷的底部,高度较小。

侧碛堤 侧碛堤(侧碛垅)与中碛堤(中碛垅)侧碛堤位于山谷冰川的两侧,常成条状岗地,两条侧碛会合形成中碛堤,它位于冰川谷的中间。

终碛堤 终碛堤(终碛垅)又称前碛堤,位于冰川末端,呈弧形,常与侧碛堤相连。终碛堤是冰川补给与消融处于相对平衡时,冰舌末端位置变动不大,大量冰碛物在此堆积而形成的。如果冰川后退是断续进行的,则可形成数道终碛堤。故根据终碛堤的分布及条数,可以确定与此相应的冰川作用范围及冰川退缩的阶段性和冰期的次数。

鼓丘 鼓丘是高数十米、长几百米的流线型丘陵。平面上呈蛋形,长轴与冰流方向平行。迎冰面(后坡)陡,背冰面(前坡)缓,大部分鼓丘完全由冰碛物组成,有的则有一基岩核心。鼓丘成群分布在大陆冰川终碛堤内侧不远的地方。山岳冰川区则很少见。

冰水堆积地貌

冰水是冰川的融水,因此冰水与冰川的动态息息相关。同时冰水又具有流水作用的一般特征。冰水作用主要是将冰碛物进行再搬运和再堆积,因此冰水堆积物有的具冰川作用的痕迹。堆积物经分选,形成层理,其中砾石磨圆度较好。

冰水堆积地貌主要有冰水扇、冰水排泄平原、季候泥、蛇形丘等。冰融水从冰川两侧和底部流到冰川末端,汇成冰前河流。冰前河流将大量碎屑物质堆积于终碛堤的外围,形成冰水扇,许多冰水扇联合成外冲平原;在山谷中形成冰水排泄平原,经后期切割则成冰水阶地。

在冰川区域,湖泊往往是冰川作用的产物。其中有的是冰蚀作用形成的;有的是冰积物堆积阻塞局部冰融水的结果。冰水湖泊中的沉积,有明显的季节变化,夏天冰融水增多,携带颗粒较粗的泥沙入湖沉积,颜色变浅;秋季冰融水骤减,冬季湖泊封冻,悬浮的黏土胶粒沉淀,颜色较深。这样就形成季候泥,亦称纹泥,它不仅像树木年轮一样,可据以计算沉积物形成的年代,而且因其中含有孢粉,能为该地区的植物和气候演变提供线索。

蛇形丘是一种狭长而曲折的岗地,蜿蜒伸展如蛇形,故名蛇形丘。蛇形丘两坡对称,丘脊狭窄。大的蛇形丘长达数十千米,有的还爬上高坡。这主要是冰下河道中的沉积,当冰川融化后,沉积物便显露出来,成为蛇形丘。组成物质几乎全部是大致成层的砂砾,偶夹冰碛透镜体。蛇形丘主要分布在大陆冰川地区。

冰川的波动

冰川作为气候的产物,它的进退变化受气候波动变化的影响。15~19世纪,全球气候出现比较寒冷的时期,不同程度地导致全球冰川扩展,称此阶段为小冰期。在小冰期中有三个强冷期,受此影响,青藏高原的冰川也留下了进退波动的痕迹,在冰川末端和边缘普遍保留有三道明显的终碛垅和侧碛垅,反映出当时冰进的范围和冰川作用规模。

根据青藏高原古里雅冰芯记录研究,小冰期曾出现过三次冷暖交替的气候变化过程。三次冷期分别出现于 1451~1500 年、1601~1690 年和 1791~1880 年,其中以 17 世纪的冷期最为寒冷。这和青藏高原冰川末端普遍存在的中间一道冰碛物超覆于早期的冰碛物之上的事实是一致的。

冰川变化以及相应的冰川(规模)波动与外界气候环境密切相关。冰川一方面响应着气候变化,另一方面又给气候环境以反馈作用。气候变化导致冰川上物质收支状况发生相应的变化,而这种物质收支状况的变化又可以引起冰川运动特征及冰川热状况的改变,进而导致冰川末端位置、面积及冰储量的变化。

近数十年来,中国西部地区大部分冰川以退缩为其主要趋势,但也同时发现部分冰川处于稳定或前进状态。对中国冰川进退变化资料的统计分析结果如表 2.1 所示。

表 2.1 中国境内本世纪初以来冰川进退变化统计

统计年份	统计冰川总条数	退缩冰川		前进冰川		稳定冰川	
		条数	%	条数	%	条数	%
1900~1930	6	1	16.70	4	66.60	1	16.70
1950~1970	116	62	55.44	35	30.17	19	16.37
1950~1980	195	93	47.69	45	23.08	57	29.23
1960~1970	224	99	44.20	59	26.30	66	29.50
1973~1981	178	117	65.70	23	12.90	38	21.40

表 2.1 表明,20 世纪的 50~70 年代大部分冰川(55.4%)处于退缩状态,60~70 年代统计冰川的数量较 60~70 年代翻了一番,但退缩冰川所占百分比(占 47.7%)较 50~70 年代有所下降,但前进冰川的数量也有所下降,相反处于稳定状态的冰川数量占到 30%左右,这至少说明在 60~70 年代有部分处于退缩或前进状态的冰川转为处于稳定状态。1973~1981 年间有冰川末端变化观测资料的 178 条冰川中,有 2/3 以上的冰川处于退缩状态。一些

典型冰川末端变化的监测表明,80年代初值90年代初,大部分冰川也以退缩为主。

前苏联中亚地区冰川变化的比较结果如表 2.2 所示。

表 2.2 前苏联中亚地区冰川末端变化统计

山区	测量时间(年份)	年测量冰川数	总条数	退缩冰川			前进冰川			稳定冰川
				条数	%	最大值(m/a)	条数	%	最大值(m/a)	%
帕米尔(阿赖山)	1959~1980	21	313	149	48	66	128	41	75	11
北天山	1959~1980	21	261	131	50	82	103	38	38	12
阿尔泰山	1954~1980	27	56	56	100	24				
准噶尔(阿拉套山)	1965~1980	13	75	75	100	32				

表 2.2 表明,20 世纪的 50 年代末至 70 年代末和 80 年代初,中亚地区的冰川总体上处于退缩状态,准噶尔-阿拉套山区的冰川表现尤其明显。另据 150 条冰川变化的统计表明,1904~1960 年间 59% 的冰川退缩,22% 的冰川在前进,但是 1958~1971 年间,260 条观测冰川中退缩冰川的比例减小到 50%,前进冰川的比例已增加到 45%。

根据这些地区冰川表面物质平衡观测结果的统计,1968~1980 年间帕米尔-阿赖山一条监测冰川上 85% 的年份处于负物质平衡状态,同期阿尔泰山的一条监测冰川 60% 的年份为正平衡,说明由于地理位置和冰川规模上的差异而引起的冰川波动对气候变化响应时间的不同,某一时段观测到的冰川末端变化可能是该冰川对早些时候气候变化的响应结果。

由于上述资料多为 20 世纪 80 年以前的观测结果,且很难从中提取冰川波动方面的年际变化信息,为此参考世界冰川监测服务处出版的冰川波动资料,对 1959~1960 年至 1995~1995 年间北半球观测冰川进退变化比例进行统计分析,发现近 40 年来北半球冰川的变化具有很好的规律性,即 20 世纪 70 年代中期至 80 年代中期大部分冰川由退缩为主转为以趋于前进为主,之后,冰川退缩又成为主导趋势,在 90 年代初的数年中退缩冰川所占的比例基本维持在 85% 以上。

同样,利用世界冰川监测服务处出版的冰川波动资料,对中亚地区的冰川变化重新进行统计,发现前进、退缩和稳定冰川比例多年变化与北半球有所不同,中亚地区的冰川在统计时段内除 20 世纪 60 年代中期以前数年中退缩和前进冰川比例基本相当外,60 年代中期以后退缩冰川的比例处于持续增加之中,进入 80 年代,退缩冰川所占的比例多在 70% 以上。

由于气候的不断变暖,导致我国青藏高原冰川不断退缩。普若岗日是藏北高原最大的由数个冰帽型冰川组合成的大冰原。冰川覆盖面积 422.58km^2,冰储量为 52.5153km^3。冰川雪线海拔 5620~5860m。

小冰期以来,普若岗日的冰川呈退缩趋势。环绕冰舌分布的冰碛序列,在北部和东南部普遍可区分出三道。对比研究认为,分别属于小冰期三次寒冷期冰进的遗迹。而西部小冰期冰川作用的范围较小。按小冰期最盛时的规模量测当时的冰川面积,和现在相比该时段内冰川面积减少了 24.20km^2,当时冰川面积比现在大 5.7%。由此引起的冰川资源的减少为 3.6583km^3,相当于 36.583×10^{8}m^3 的水量。

在普若岗日西侧,小冰期后期至 20 世纪 70 年代,冰川退缩了 20m;20 世纪 70 年代至 90 年代末,冰川退缩了 40~50m;平均 1.5~1.9m/a;1999 年 9 月至 2000 年 10 月,退缩 4~5m。明显反映出逐渐加剧的变化趋势。

和其它地区相比较,普若岗日冰原变化比较小,表现出比较稳定的状态。

马兰山冰帽南坡 5Z122B1 冰川右侧小冰舌前端,小冰期之后的冰碛垄起伏不大,比较平坦,说明近百年来,冰川虽出现过小的波动前进,但主要趋势是以退缩为主。

据航片判读并结合实地考察量测,近百年来,马兰山冰帽南坡冰川前端退缩量为 45～60m 左右。而现代冰川边缘反映 1970 年航摄以来冰川变化的覆于埋藏冰之上的冰碛物比较明显,冰碛砾石较粗大,磨圆度较差,冰碛垅宽度在 30～50m 之间,平均退缩量为 1.0～1.7m/a。并且越靠近冰川,新鲜冰碛垅的宽度有逐渐变宽的特点,说明近年冰川退缩幅度有加剧的趋势,这和近年来较强的升温密切相关。

和青藏高原其它地区相比较,近 10 年所考察的冰川惟独梅里雪山明永冰川(也称奶诺戈如冰川)近期为前进状态,玉龙雪山冰川 1997～1998 年出现约 5m 的前进,其它冰川基本以退缩为主。马兰山冰川的退缩幅度虽然接近于唐古拉山冰川的平均年变化,而远小于青藏高原南部珠穆朗玛峰绒布冰川平均 5.5～8.7m/a、希夏邦马抗物热冰川平均 10m/a 和贡嘎山海螺沟海洋性冰川平均 17m/a 的退缩量。但也不可轻视本区冰川退缩加剧的趋势,它将会对高原脆弱的生态系统和生态环境造成很大影响。

地质历史时期的冰川变化

地球上的气候是有波动性的。在漫长的地质历史上,尽管温暖时期是主要的,但也曾经出现过几次寒冷的时期。在寒冷时期里,全球冰川面积扩大,称为冰期。在较温暖的时期里,冰川面积缩小,称为间冰期。目前已经确认在 6～7 亿年前的震旦纪、2～3 亿年前的石炭二叠纪和距今 2～3 百万年以来的第四纪,都曾出现过大规模的冰川。

我们现在是处在第四纪冰期向间冰期的过渡时期。地质历史上古老的冰川由于年代久远,它们的遗迹遭受后期地质作用的破坏,很难再了解它们活动的具体情况,只能根据沉积岩层的特点,确定当时曾经发生过冰川活动。

第二章 冰川的形成与演化

第四纪大冰期,由于年代较近,尚可查清其活动情况。现已查明第四纪大冰期中,有几个亚冰期和间冰期。

在第四纪最大冰期时,冰川覆盖的面积占陆地总面积的32%,当时的北美洲和欧洲的广大地区均为冰川覆盖,属于大陆冰川类型。

一般认为,冰期的气温要比现在低3~7℃,降水量也比现在大。在地球史上的最后一个大冰期的第四纪冰期中,冰川最强盛时,全球32%的陆地面积为冰川覆盖,大量水分以固态停滞于大陆,海平面要比现在低130m。

在5.7亿到6.8亿年前的前寒武纪里,我们的地球经历了第一纪冰川期。那次冰川大规模覆盖了澳洲、欧洲、美洲和亚洲部分地区。

在4.1亿到4.7亿年前,地球遭遇第二纪冰川期。此次冰川覆盖了非洲、南美洲、欧洲、北美洲北部地区。

地球经历的第三纪冰川期是在2.3亿到3.2亿年前,冰川覆盖面积扩大至整个南半球。

著名的第四纪冰川期是从250万年前开始并一直持续至今,我们现在就生活在第四纪冰川期里。在第四纪冰川期之初,冰川覆盖了整个北半球。

目前,地球正处于第四纪大冰期的后期。最近一次冰川广布的情况是在1万多年前结束的。此后,气候总的来说在逐渐变暖,冰川逐渐消融,规模变小,现在冰川的面积只占陆地面积的10%。

观测的结果告诉我们,阿尔卑斯山上的冰川在1876~1934年间面积减少了15%,较大的冰川缩短了1.0~3.5km。

喜马拉雅山上的绒布冰川,冰舌中部近百年来减薄了约50m。但也不是直线下降,仍有时冷时热的变化。不过,从长期来看,总的趋势是变暖了。

表2.3所示为地质年代表。

表 2.3 地质年代表

宙	代	纪	世	距今大约年代（百万年）	地　　点
显生宙	新生代	第四纪	全新世	现代～0.01	北半球
			更新世	0.01～1.8	
		第三纪	上新世	1.8～5.3	
			中新世	5.3～23	
			渐新世	23～36.5	
			始新世	36.5～53	
			古新世	53～65	
	中生代	白垩纪		65～145	
		侏罗纪		145～208	
		三叠纪		208～248	
	古生代	二叠纪		248～290	南半球（南美洲、非洲、印度、澳洲）
		石炭纪		290～360	
		泥盆纪		360～410	
		志留纪		410～438	非洲、南美洲、欧洲、北美洲北部
		奥陶纪		438～510	
		寒武纪		510～570	
元古宙（前寒武纪）	元古代	震旦纪		570～800	澳洲、欧洲、北美洲、非洲、亚洲
				800～2,500	
太古宙	太古代			2,500～4,600	

第三章 雪冰与气候的关系

作为气候产物的雪冰

目前全球冰川面积约为 $15.5\times10^4km^2$,占陆地总面积的 10% 以上,冰川总体积为 $24.0\times10^6\sim27.0\times10^6km^3$。如果这些冰全部融化,将使世界洋面上升 66m。南极大陆是世界上冰川最集中的地区,冰盖面积约 $12.6\times10^6km^2$,若包括四周的边缘冰棚,则为 $13.2\times10^6km^2$。冰盖平均厚度为 2000m。北极地区包括格陵兰岛、加拿大极地岛群和斯匹次卑尔根群岛,冰川总面积约 $2.0\times10^6km^2$,其中格陵兰冰盖面积即达 $1.73\times10^6km^2$,巴芬岛上的巴伦斯冰帽面积达 $5900km^2$,得文岛冰帽面积超过 $1.55\times10^4km^2$。亚洲冰川面积共 $11.4\times10^4km^2$,主要分布在兴都库什山、喀喇昆仑山、喜马拉雅山、青藏高原、天山和帕米尔。其中我国冰川面积共 $5.7\times10^4km^2$,恰占 50%。北美洲冰川面积共 $6.7\times10^4km^2$,主要分布在阿拉斯加和加拿大地区。南美洲冰川面积约 $2.5\times10^4km^2$。欧洲 $8600km^2$,主要分布在斯堪的纳维亚、阿尔卑斯山。大洋洲 $1000km^2$，主要分布于新西兰。非洲是全世界冰川最少的大陆，冰川面积只有 $23km^2$。这是由于非洲大陆纬度低、气温高而降水少、雪线位置高所致。

冰川分布的高度受着雪线高度的严格制约。任何地区如果地表没有高出雪线就不可能形成冰川。就山区而论，在气候变化不很显著的若干年内，每年最热月积雪区的下限总是大体上位于同一的海拔高度。这个高度以上为多年积雪区，以下为季节积雪区。多年积雪区和季节积雪区之间的界线就叫做雪线。雪线上年降雪量等于年消融量，所以雪线也就是降雪和消融的零平衡线。但是，零平衡的绝对值却可以是各不相同的。要在降雪量很小的情况下达到平衡，就必须有较低的负温以减小消融和蒸发。而当降雪量很大时，雪线处的年平均气温就必须比较高，才能融化大量积雪，以保持平衡。

影响雪线高度的主要因素

气温、降水量和地形是影响雪线高度的三个主要因素。多年积雪的形成要求近地面空气层的温度长期保持在 0℃ 以下。地球表面的平均温度具有从赤道向两极递减和自平地向高山递减的规律，所以低纬地区雪线位置比较高，高纬和极地雪线位置则比较低。雪线位置最高处并不在赤道，而在南北两个亚热带高压带。这两个高压带同赤道带的温度差别并不显著，降水量却相当悬殊，亚热带高压带降水量的急剧减少，使雪线上升到最大的高度。南美 20°～25°S 间的安第斯山雪线高达 6400m，是世界上雪线最高的地方。北半球的山地，一般北坡雪线比南坡低。我国祁连山南坡雪线在 4700～5000m，北坡仅约 4400～4600m，表现了地形的影响。但是地形不仅影响温度，也影响降水分布，如东西走向的喜马拉雅山阻挡了印度洋的西南季风，致使南坡多雨，雪线为 4400～4600m，北坡降水量很少，雪线上升到 5800～6000m。

在冰川上雪线又叫粒雪线。夏季冰川上隔年粒雪的下限，称为粒雪线。海洋性冰川粒雪线和零平衡线的位置比较吻合,大陆性冰川由于粒雪线和零平衡线之间有一个附加冰带,粒雪线通常高出零平衡线数十米或 100~200m。

和雪线高度相一致,地球上冰川分布高度也表现出明显的自低纬向两极降低的趋势。在东西走向的山脉中,朝向极地的山坡冰川分布高度低于朝向赤道的山坡。通常情况下,迎风而降水量丰富的山坡冰川分布高度低于背风而降水量比较少的山坡。

积雪的分布及其作用

积雪,也称雪盖,是指由降雪形成的覆盖在地球表面的雪层。它是寒冷地区和寒冷季节的特征自然景观和天气气候现象,与大陆冰盖、山地冰川、冻土、海冰等一起构成地球的冰冻圈。在冰冻圈中,积雪的地理分布最为广泛。根据美国国家海洋和大气局 24 年来卫星遥感积雪监测结果,北半球冬季积雪鼎盛时期大陆积雪面积平均达 $46\times10^6 km^2$,覆盖着陆地面积的 46.0%;夏季 8 月份永久积雪面积约为 $4\times10^6 km^2$。北半球年平均积雪面积为 $25.4\times10^6 km^2$,其中亚欧大陆为 $14.7\times10^6 km^2$,北美为 $10.6\times10^6 km^2$。此外,面积达 $12.2\times10^6 km^2$ 的南极大陆冰盖终年是一片冰雪世界。在 $17.6\times10^6 \sim 25.4\times10^6 km^2$ 海冰表面也多为积雪所覆盖。

积雪在全球水循环中也起着重要作用。全球淡水年补给量大约 5% 来自降雪,北半球冬季大陆积雪贮量(水当量)为 $2.0\times10^{12} km^3$。亚洲、欧洲、北美洲的大江大河,包括我国的长江、黄河,春季补给也主要来自融雪径流。因此,雪冰覆盖的大河源头地区积雪水资源对气候变暖的响应乃至对全球环境和径流能产生举足轻重的影响。尤其是中亚和北美西部干旱半干旱区,工农业用水高度依赖山区冬季积雪。中国西北干旱区冬季积雪贮量相当于该区年径流总量的 38.2%。春季融雪在我国东北、新疆、西藏等地区形成春汛及时地满足了春灌的迫切需要,为农业发展提供了得天独厚的水资源条件。黄河流域冬小麦越冬,内蒙、新疆、青海、西藏广大牧区冬季牲畜的饮用水和放牧都与积雪休戚相关,"瑞雪兆丰年"的谚语正是积雪重要作用的真实写照。相反,积雪异常引起的冬季干旱和大雪灾害经常给这里的农牧业带来巨大的损失。

雪冰形成过程中的气候影响因子

水(降水)、热(气温)及其组合是影响冰川发育的主要气候因子。降水决定冰川积累,气温决定消融,因而降水的多寡及其年内分配和年际变化,影响冰川的补给和活动性,而气温的高低影响成冰作用和冰川融水,和降水共同决定冰川的性质、发育和演化。

降水与大气环流有密切关系。按水汽来源的方向,中国西部山地盛行西风环流和南亚季风环流。受亚洲中部高山高原的地理位置所决定,青藏高原本身所形成的高原季风气流,以及山区局地环流对山地降水也有重要影响。

南亚季风环流是青藏高原东南部山地冰川的哺育者。西藏东南部察隅一带雨季开始于3月,这时季风环流尚未建立,其时降水乃是南支西风急流在阿萨姆低压区活动频繁,吸引了孟加拉湾水汽的结果。5月底6月初,南支西风急流北撤至30°N以北的地区,南亚季风爆发,雅鲁藏布江大拐弯以南通往印度的河谷,成为湿润季风气流进入高原的门户,季风云团密集,并沿若干西北—东南向谷地进入青藏高原,向北伸延至青海省东部的长江和黄河上游,以及祁连山东段的冷龙岭地区,使青藏高原进入雨季,而西藏东南部的察隅、波密、嘉黎一带又首当其冲,雨季最长,雨量最多,形成一个向北突出的罕见的舌状多雨区,雪线附近年降水量据粒雪年层及降水梯度推算,在2500~3000mm左右,雪线一般降至4400~4800m,使西藏东南部发育了中国典型的季风海洋性冰川。

冬季,西风环流分南北两支控制着整个青藏高原,使其成为冷高压区,天气晴好,降水稀少,但在青藏高原西部边缘的喜马拉雅山、喀喇昆仑山、帕米尔及西天山,受冬半年形成的巴基斯坦低压槽的影响,使其冬春季节有较多的降水。夏季,西风北撤,塔什干低涡又是形成较多降水的主要活动中心,同时,西风带小槽东移,也影响到青藏高原的降水过程。在地形抬升的影响下,帕米尔高原西缘雪线处的年降水量可达 1000～1500mm,喀喇昆仑山西段巴托拉冰川海拔 5000m 的雪线附近,按雪层剖面资料推算,年降水量应在 1000mm 以上。由此向东进入中国境内,西风气流含水量减少,降水量在西昆仑山雪线附近降至 300～500mm,雪线高度升高,冰川更多依赖高大山体所提供的丰富冷储而发育。

高原季风是由巨大的青藏高原和四周自由大气间存在季节性热力差异而产生的。在冬季,高原上大气层对于同高度的自由大气是冷源,形成了一个冷高压,盛行反气旋环流。到夏季,高原上大气转为热源,形成强大的热低压,盛行气旋性环流。夏季高原上强大的热低压使四周气流向高原辐合,在其周围高山地形抬升作用下,凝结降水,形成边缘山地的多雨带,向高原腹地,降水量逐渐减少。这是边缘山地冰川远较高原腹地发育的主原因。山区盛行的山谷风环流对高山区形成多降水带也有重要影响。山区白天的上升气流均很强烈,所形成的积云上升至凝结高度,导致高山带远比谷地或山麓更为丰沛的降水。在天山、帕米尔、喀喇昆仑山和喜马拉雅山等山脉的高山区形成次于海拔 1000～2000m 高度处最大降水带的第二大降水带,即所谓 S 型降水分布,这是对流性降水和层结稳定的动力性降水叠加的结果。随着干旱程度增加,水汽含量减少,动力性降水带的高度不断升高,估计在祁连山西段、西昆仑山、青藏高原西部等地区,动力性降水与对流性降水凝结高度衔接,只存在一个高山最大降水带,这个降水带是我国众多大陆型冰川的主要补给来源,在高山冰川形成发育中有重要的作用。

受上述环流形势的影响,中国西部山地降水量明显多于山麓河谷或盆地,而降水量又在边缘山地增多,随着远离水汽补给源地,自西北、西南和东南三个方向上的边缘山地向其内部山区递减,在青藏高原内部山地、西昆仑山东段和祁连山西段,气候的大陆度明显增强，气候十分干燥，是中国西部降水量最少的山区。

在冰川稳定状态下，平衡线高度处的积累量等于消融量，因此，在这一高度上由降水量所表征的冰川积累量的多少和年内分配形式，是区别冰川性质、类型和其活动性的主要指标。依据夏季平均气温推算的平衡线附近年降水量分布图表明，在西藏东南部冰川平衡线高度处的年降水量大于1000mm，最多可达2000mm以上，是中国季风海洋性或温冰川发育的主要地区，而位居内陆腹地的西昆仑山东段、祁连山西段和青藏高原内部山地，平衡线高度处的年降水量在300～500mm左右，是中国典型的极大陆性或极地型冰川发育区。在诸如阿尔泰山、西天山、喀喇昆仑山和帕米尔高原等西部边缘山地，平衡线高度处的年降水量介于上述两种类型之间，大约在600～1000mm左右，按其冰川发育的水热条件，应属亚大陆性或亚极地型冰川发育区。

降水年内分配形式和最大降水的集中时间，比降落在冰川表面上的固态降水总量更能影响冰川的性质。受大西洋和北冰洋气流输送影响较大的阿尔泰山、西天山、帕米尔和喀喇昆仑山等，冬春季节降水量占有较大比重，夏季降水份额低于40%，最大降水月出现在5～6月，反映在降水年内分配过程线的形态上为多峰型。随着远离水汽补给源地，降水更趋集中于夏季，5～9月降水占全年降水的百分率在80%以上，在西昆仑山中、东段、祁连山西段和柴达木盆地西缘则存在有大于90%的夏季降水集中区，最大降水推后到7～8月，年降水过程线的形态为单峰型。在喜马拉雅山南坡、青藏高原东部夏季季风降水丰沛地区，降水也集中于夏季。中国西部大多数山地的降水主要集中于夏季，这就意味着积累和消融同时发生于夏季，和欧洲阿尔卑斯山以冬季补给为主的冰川相比，积累和消融的强度均不大，物质平衡水平较低，冰川稳定性增强，反映在冰川形态指标上，其末端高度和平衡线高度均较其同纬度的欧洲和北美山区冰川高700～1000m，在青藏高原腹地喜马拉雅北坡，出现了北半球最高雪线位置(6200m)。

第三章 冰川与气候的关系

降水年际变化一般以其变差系数(C_V)表示。年降水变率随着气候干旱程度增大和湿润度减小而增大,在塔里木盆地、吐鲁番—哈密盆地、甘肃西北部和柴达木盆地形成了一个相互连结的大于 0.50 的最大变率区,在此范围内,以吐鲁番、冷湖、民丰和且末为中心,局部出现大于 0.60 甚至高达 0.70 的年降水变率区。随着海拔高度升高,降水的年际变率减小,在冰川发育的高山带,C_V值一般降到 0.20 以下,这是地形抬升和局地环流使其降水量增多、动力性降水和热力对流性降水相互调节的结果。在各季节的降水变化中,夏季降水的年际变率最小,冬季最大。位于内陆干旱区的山地,较其山麓盆地或河谷具有较多的降水和较小的年际变率,且降水更趋集中于夏季,这对于冰川发育和保持其稳定性十分有利。

年平均气温或夏季平均气温受西部各大山系和高原的明显制约。海拔升高对气温的递减作用、地形屏障所形成的冬季增温和盆地"冷湖效应"及绿洲的"冷岛效应"破坏了等温线的纬向分布规律,形成沿等高线和山麓或盆地边缘呈各种形态的环状、舌状分布形式。气温随海拔升高而降低,但并非一直呈线性递减,在由非冰川区过渡到冰川表面时,气温递减梯度值增大,通常称之为"温度跃动",实测变化介于 0.2～3.5℃之间,平均 1.8 ℃。

按气温递减梯度推算,并考虑到温度跃动值,中国西部山区冰川雪线年平均气温可降到−4～−15℃,夏季 6～8 月平均气温变化于−2.5～4.2℃之间,最高值出现在西藏东南部山区为 3.9～4.2℃,最低值出现在西昆仑山和东帕米尔慕士塔格山区一带,为−2.0～−2.5℃,到冰川发育的最高山峰,气温降得更低,前苏联运动员曾在汗腾格里峰(6995m)9 月份测到−38℃的低温,其上的夏季平均气温可低达−21℃左右,这样,西部山区就成为镶嵌于河谷或盆地之上的终年负温区,为冰川发育提供了所必需的低温条件。随着湿润度降低,即由湿润或半湿润的边缘山地到内部干旱山区,冰川雪线和末端高度升高,冰川更多依赖于高大山脉所提供的丰富冷储而发育。

在稳定状态下,冰川平衡线处的积累量等于消融量,前者可由这一高度处的年降水量表示,而后者可由夏季平均气温所表征。因此,平衡线处的夏季平均气温和年降水量及其组合,是一定区域气候在冰川状态上的反映,是区别冰川性质、类型及其活动性的重要气候指标。

随着平衡线上年降水量或积累量的增加,平衡线上的夏季平均气温上升,籍以增加消融量达到与积累量增加相平衡。据平衡线处主要气候指标和热量平衡组成结构及类型,将中国西部山地划为温和湿润冰川气候区、半湿润冰川气候区和干冷冰川气候区,与此相对应的是季风海洋型、亚大陆型和极大陆型冰川分布区。

积雪与降雪量年际波动往往是大气环流和大洋环流异常的结果,我国积雪量和降雪量年际波动与主要的几种气候扰动有关。首先大范围雪量年际变化是赤道太平洋海气异常的结果,多雪冬季与厄尔尼诺/南方涛动(ENSO)成熟阶段的出现相同步,两者遥相关系数达 0.63。雪量正距平年大多数发生在 ENSO 年里,负距平显著的年份皆出现在反 ENSO 年里,或者非 ENSO 年里。在 ENSO 发展到成熟阶段,西赤道太平洋"暖池"的东移引起的北半球冬季环流的异常,其中包括阿留申低压向极地的伸展,诱导了西伯利亚冷空气的频繁南下;横跨赤道的两个强大的反气旋导致南亚西南暖湿气流和孟加拉风暴活动的加强,频繁沿青藏高原东侧北上,形成了我国冬季多雪的环流背景。

火山喷发是全球气温的一个重要控制因子。大规模的火山喷发能在瞬间向大气射入多达 10^8t 的火山灰,它能够均匀地扩散到全球,致使大气透明度急剧降低。火山喷发的硫酸烟雾是引起平流层最大扰动的主要原因,平流层升温和对流层降温与富含硫的岩浆喷发密切相关。大规模的火山喷发与随后的全球降温过程,甚至寒冷时期的来临相对应,20 世纪中叶出现的波动性降温过程不少学者用火山活动来解释。我国雪量年际波动与大规模火山喷发活动的关系表明二者变化相位相反,我国冬季少雪与大规模火山喷发及其引起的全球降温过程相联系。

北极海冰是北大西洋和全球气候反馈循环中的重要环节。海冰冻融过程对海水盐度垂直层结具有决定性的影响。海冰的显著变化可导致盐度突变层的灾变和热盐环流的减弱或停顿,引起北大西洋深水形成的停止,海洋表面温度(SST)的下降和气候突然转冷。北极海冰年代际变化最为显著,突出的事件是20世纪60年代北极海冰的正异常。中国雪量60年代持续最长的负距平时期和最枯雪年的出现时值北极海冰显著重冰情维持时期。

近百年来,由于人类活动引起的 CO_2 和其它温室气体在大气中含量的不断增加,导致了全球出现缓慢的但是越来越明显的增温趋势。全球平均气温1880~1940年升高0.5℃,20世纪60年代初期降低0.2℃,1965~1980年又升高0.3℃。北半球气温变化与全球相似。如果把中国雪量10年滑动平均与全球平均气温5年滑动平均序列相比较便会发现它们的变化相一致,二者呈正相关。在20世纪50年代末至60年代中的降温过程中,我国雪量减少,在60年代中叶之后的增温时期,我国雪量增加。

虽然全国雪量变化随全球变暖而增加,但并非意味着各个地区都增加,雪量变化趋势各个地区并非是一致的。山地与盆地、高山与平原、干燥地区与湿润地区,全球变暖所导致的雪量变化朝着相反的方向发展。随着全球变暖,我国积雪分布的不均匀性将进一步加剧。

雪冰纪录的物理、化学及生物地球化学信息

通过冰雪沉积(冰盖、冰川、冰山、海冰、冰芯和积雪)中的各种记录来揭示古气候、古环境和古代大气成分的演化历史是全球变化研究中一个极有吸引力的方向,其中的大多数记录具有全球意义。这些记录无外乎两方面,即冰雪本身(氢氧同位素、物质平衡)

和其中的杂质(微量气体、正负离子、放射性核素、微粒等)。

温室气体 CO_2 和 CH_4

人类只能直接对近几十年的大气成分和含量进行分析,而对包裹于冰中气体的分析是恢复这之前大气组成历史记录的最有前景的方法之一,这一手段至少可以将大气组成的历史记录追溯到距今16万年前。由冰芯估算的古大气中 CO_2 含量水平是了解碳元素循环的一个重要参数。工业化以前大气中 CO_2 含量变化可反映碳循环的自然变化,并可以估算 CO_2 含量对气候变化反应的灵敏度,对研究碳在大气－海洋－生物地球化学循环中具重要意义;而工业化以来大气中 CO_2 含量及 $\delta^{13}C$ 的变化能提供有关人为因素对碳循环影响深度的信息。冰芯中 CO_2 和 CH_4 含量变化研究为目前人们最为关心的温室效应问题提供了素材。

南极东方站(Vostok)冰芯是目前所获取的时序最长的冰芯,可将大气中 CO_2 浓度记录追溯到16万年前。该冰芯研究显示,末次冰期旋回中 CO_2 浓度在 $190\times10^{-6}\sim280\times10^{-6}$,而且 CO_2 浓度在暖期内高、冷期内低。南极赛普尔站和BHD冰芯证实,1740年工业化以前的300年中, CO_2 浓度一直稳定在 $270\times10^{-6}\sim290\times10^{-6}$;工业化以后其浓度显著上升,到1964年已达到 324×10^{-6},工业革命以来大气中 CO_2 浓度增长速率高过以往任何时代。这些研究肯定了人类活动对大气中碳通量的强烈影响,这也为其它所研究过的冰芯资料证实。Vostok 冰芯 CO_2 浓度变化与由 δD 推导的温度变化之间有极好的相关性,对比工作表明,Vostok 冰芯 CO_2 浓度与深海沉积物中有孔虫的 $\delta^{13}C$ 和 $\delta^{18}O$ 记录之间存在惊人的相似性,这证实不同载体的记录受统一的气候条件和生物地球化学循环支配。

目前,从冰芯中所获得的古大气 CH_4 记录远不如 CO_2 丰富。精确测试的连续记录只能追溯到1000年前,有百年间断的可追溯到3万年,间断更大的则可到10万年。总的看来,10～1万年前末次冰期CH_4浓度很低,稳定在$350\times10^{-9}\sim450\times10^{-9}$间;工业化之后(200~100年前)$CH_4$浓度急剧上升,在过去短短的20年里,$CH_4$浓度比100年前高出一倍,达$1670\times10^{-9}$,而在这之前,$CH_4$曾保持恒定达几千年之久。南极冰芯研究显示,从冰期到间冰期,CH_4浓度发生了明显的变化,并与全球气候有关,而且,CH_4浓度在北半球比南半球高。

冰芯研究证实主要的温室气体由于人类活动的影响确已发生了全球规模的变化,并且其含量还在继续增加,这些气体含量的增加会使地表温度升高。为了估计大气中CO_2增温效应对自然气候变化的影响,需将这两者叠加并确定叠加后支配气候变化趋势的主导因子。研究表明,目前气候变化趋势仍由自然气候变化过程所支配,大气中CO_2增加产生的增温效应只是加剧自然气候的变暖或减缓自然气候的变冷。但到下个世纪以后,大气中CO_2增加产生的增温效应将渐趋明显。据冰芯资料估计,气候对温室驱动作用的敏感性与GCM模拟的结果一致,即大气中CO_2增加1倍时,增温$3\sim4℃$。温室气体对冰期-间冰期气候变化的贡献估计为$(50\pm10)\%$。冰期冰芯中CO_2含量为200×10^{-6}左右,在间冰期很快升至280×10^{-6}。为了解释这个变化,提出了在冰期海洋中营养物质增加,导致海洋生物泵作用的增加和冰期中冰冻表面水中CO_3^{2-}浓度增加的观点。近来,一些新观点认为,间冰期温度的突然升高同陆地及海洋甲烷气水合物的分解有关。然而,是温度的升高导致大气中CO_2含量的升高,还是大气中CO_2含量的升高才导致温度的升高,这还是一个问题。

低分子量可溶性有机酸

有机酸是冰芯中研究最多的有机质。目前主要限于那些高可溶性的甲酸($HCOOH$)、乙酸(CH_3COOH)和甲基磺酸(CH_3SO_3H,MSA)。甲酸和乙酸是广泛存在于大气圈对流层内的化学成分,生物圈是其主要来源。冰芯研究显示,有机酸是大陆边远地区湿沉降中重要的致酸因子。研究表明有机酸在大陆边缘地区湿沉降中对自由酸的最大贡献可达25%～98%。对阿尔卑斯山雪冰研究揭示出,雪冰中甲酸和乙酸在冬季含量明显低于春季,其来源主要为天然成因,二者对雪冰中自由酸的最大贡献可达15%～20%,并认为碱性矿物尘埃与雪冰中羧酸含量呈正相关。瑞士阿尔卑斯山雪冰中的甲酸浓度,也证实冰雪中的甲酸浓度存在明显的季节性变化。对西昆仑山古里雅冰芯初步分析揭示出,甲酸和乙酸的峰值多出现在低粉尘季节,对应于夏季。在一个年层内,它们呈现出季节变化,甲酸一般有两个峰值而乙酸只有一个。进一步研究显示,甲酸具有敏感的气候指示意义,其浓度的高低与气候的冷暖相对应。乙酸的气候敏感性略差,这与乙酸是一种弱酸,湿沉积结束后易从雪中逸出有关。

甲基磺酸(MSA)的研究主要集中在南大洋和南极地区大气、降水和雪冰中。MSA是海洋浮游生物(藻类)腐烂后排往大气圈中的硫酸二甲酯(CH_3SCH_3,DMS)经大气光化学作用产生的,而表层大洋水体内的DMS来源于二甲基磺基丙酸酯(DMSP),该物质在一些特定的浮游植物种属中具有能够穿透分子膜渗透到外界的功能。南半球海洋、大气和冰盖分别做为MSA的源、传输载体和汇,MSA在气溶胶微粒和南大洋现代降水中表现出季节变化和空间变化,这些必然会在南极冰盖的雪冰中有所反映。但由于雪冰内检测到的结果是气溶胶、海面湿沉积等过程之后的结果,在这些过程之后,气团又经历了一些其它过程,故冰雪内的表现必与其之前过程中的表现有差异。对极地雪冰研究表明,MSA的峰值不在盛夏,而在夏末秋初,这一结果正好和南大洋上空降雨中实测MSA峰值出现在盛夏的结果略有差异,这可能与海洋气团向冰盖方向的传输有时间滞后性有关。他们进一步证实海-气硫循环对气候变化是敏感的,可以通过雪冰中MSA的研究推测大气中DMS的变化、海洋生物活动和气候变化等。南极降雪中MSA在夏季和秋季具有相对高的含量,可能与海洋生物活动的高峰和大气光化学过程有关。横穿南极沿线表层25cm雪层内实测MSA的浓度一般在2~20ng/g范围内,冬季雪和夏季雪内MSA的平均值分别为4.5ng/g和11.5ng/g,这完全符合MSA具有季节变化的特征。对南极冰芯研究后认为,MSA对气候变化的反映相当灵敏。作为MSA来源的DMS的海气循环对气候变化也很灵敏。

迄今为止的研究均证实,冰雪层中这些低分子量可溶性有机酸是气候变化的敏感指示剂。

人为有机污染物

极地雪冰中人为有机污染物的研究,目前还没有给出定量的时间演化序列,但其中的有些有机质可能比重金属元素给出更为直接的指示效果,许多工业生产过程中产生的一些有机质在自然界本身就不存在,如能识别那些抗太阳辐射的有机质,则雪冰中这些有机质可提供人类活动对环境影响的证据。目前主要对极地雪冰中DDT、PCBs、BHC等进行分析测定,它们在极地雪冰中的浓度分别为0.015~4pg/g,0~0.16pg/g,2~26pg/g,其中北极的要比南极的高,说明极地冰雪已受到人类活动有机质的污染。

北极地区雪坑中有机污染物早有报道,加拿大圣伊莱亚斯山脉洛根冰帽海拔5364m的1~15m雪坑DDT浓度低于5ng/L,在加拿大高北极地区PCBs为0.4~0.85ng/L,具有从东向西增加的趋势。此外,还发现有α-HCH、γ-HCH、七氯环氧化物、α-硫丹、狄氏剂、CYCs、HCB、CBZs、PAHs等有机污染物。这些有机物质主要来自工业氯化有机质和杀虫剂,而多环芳香有机质(PAHs)则主要来自化石燃料及化学工业。

氯氟烃类特别是CCl_3F和CCl_2F_2对平流层中的臭氧层有害,研究认为它们的自然源氯代烃可能来自火山,甲基氯可能来自海洋。极地冰芯的CCl_3F、CCl_2F_2和CH_3CCl_3的浓度约在5×10^{-6}的测量下限以下。目前还没有确证在工业革命前的大气中没有这类气体的自然源,但其现在的浓度和变化趋势完全可用工业化扩散来解释。

大气环境工作者很重视空气中的不溶碳质气溶胶的研究,尤其是其中的碳黑。碳黑主要来源于工业生产和生物质(森林、热带草原、废物等)的燃烧,这些燃烧微粒喷向大气时,它们可以改变大气的化学平衡,能够分散射入地球的太阳辐射,影响辐射平衡,而且还可以作为水蒸汽的成核剂,这些作用产生的净冷效应可能抵消燃烧过程产生气体所导致的温室效应。因此碳黑研究意义重大,全球变化研究中的国际全球大气化学计划(IGAC)关注的两项研究就有一项生物量燃烧实验(BIBEX),其主要目标是要确定燃烧物质对区域和全球大气化学及气候的影响结果。冰芯中有关这方面的研究依靠于碳黑提供古大气信息的能力,虽然碳黑从气溶胶转变为粒雪的机制还未作调查,但由于这种微粒的化学惰性以及亲水特性,开展冰芯中的这种研究是可能的。带着想了解末次冰期有关碳的储存信息的目的,对南极伯德站(Byrd)的冰芯碳黑研究,认为全新世的碳黑总含量比末次盛冰期的要高。研究显示,盛冰期冰芯中的微粒含量要比全新世的高,碳黑与其它微粒表现出的相反趋势,可能与人类活动有关。

高碳数有机质

冰雪中研究的最少的含碳物质是那些不溶于水但溶于有机溶剂的高碳数可溶有机质。对雪冰中有机质分析研究,发现了脂肪烃、芳烃、酮、醛、邻苯二酸酯、脂肪酸乙酯、自由脂肪酸和其它有机质等100多种,根据它们的碳数分布,初步推断这些有机质可能来自化工生产、化石燃料,部分为天然来源,雪冰中有机质的浓度主要依赖于气候条件和在大气中的停留时间。总的来说,冰雪中的高分子可溶有机质研究还很薄弱。尽管现在诸如气相色谱-质谱-计算机联用仪(GC-MS)等技术非常有利于有机质超痕量的研究,但在冰芯研究中几乎未得到应用。然而分子有机地球化学领域的一系列研究成果为开展冰芯有机质的研究提供了重要的追踪手段

——环境标志化合物。

有机化合物种类众多,分子结构精细,其中包含着丰富而形式多样的与古植被、古生态、古气候和古环境有关的信息。研究冰雪层中可溶有机分子的丰度、类型、分布、组成及其同位素特征,从而找出反映古气候和古环境变迁的定性和定量有机分子参数,这是当今分子有机地球化学在冰雪研究中的前沿课题之一。近年大气气溶胶中超痕量有机质的研究为进一步开展冰芯中的研究积累了资料。

雪冰中气候信息恢复

雪冰记录的物理、化学及生物地球化学研究,是全球变化研究中恢复古环境和监测当代全球环境过程的有力手段,雪冰记录为全球变化的各个方面,如气候变化,生物地球化学循环,人类活动,冰冻圈内总冰量(海平面变化),地质和宇宙事件等诸多科学命题的研究提供了直接或间接依据。雪冰化学研究的最终目的是通过多元素化学指标,了解过去全球环境变迁历史和机理,预测未来,服务人类。

效存德等选择冰冻圈关键地区的南、北极和高亚洲,作为雪冰现代环境记录区域对比研究的典型地区。其优势和意义为:

①三个地区均是全球变化的敏感区和驱动器,同时由于远离人类活动区,雪冰内记录的地球各圈层信息相对容易分辨,也有利于从三地区提取各环境因子的全球或区域本底。

②三个地区的海陆格局、气候特点、与人类活动区的地域关系各不同,有利于获取多因子环境信息。

鉴此,在已有研究基础上,选择如下多元素示踪体系作为对比研究的依据,由主要正负离子在三个极端地区的分布现状、季节变化特点,探讨正负离子表征的三个地区现代大气环境特点(表3.1)。

表 3.1 选择的南极、北极和高亚洲雪冰化学元素示踪体系（据效存德）

元素示踪体系	本底来源			其它可能来源		
	南极	北极	青藏高原	南极	北极	青藏高原
常量元素和化合物						
Ca^{2+}	海盐、土壤尘埃	土壤尘埃	土壤尘埃	——	——	盐湖、碱性湖泊沉积物
Mg^{2+}	海盐、土壤尘埃	海盐、土壤尘埃	土壤尘埃、海盐	——	——	盐湖、碱性湖泊沉积物
Na^+	海盐	海盐	海盐、土壤尘埃	火山灰	火山灰	盐湖、碱性湖泊沉积物
Cl^-	海盐	海盐	海盐、土壤粉尘	火山灰	火山灰	盐湖、碱性湖泊沉积物
SO_4^{2-}	海盐、海洋生物	海盐、海洋生物	土壤尘埃	火山	火山、人类污染	人类污染
NO_3^-	不清	不清	不清	闪电、平流层等等	闪电、平流层等等	闪电、平流层、海盐、尘埃等等
卤素元素						
Br^-	不清	海盐、高层大气	未见	不清	人类污染	未见
生物有机化合物						
MSA	海洋生物	海洋生物	不清	——	——	不清

空间分布

将近年来在青藏高原南、北部各条冰川进行的现代雪冰化学研究成果和"1990 年国际横穿南极冰川学考察"以及 1995 年"中国首次远征北极点科学考察"的分析结果,依所在不同纬度列于表 3.2。

第三章 雪冰与气候的关系

表 3.2 南、北极和高亚洲地区不同纬度范围表层雪冰内主要正负离子的平均浓度(10^{-9}g·g^{-1})(据效存德)

纬度范围	南极冰盖						
	地点	Cl^-	NO_3^-	SO_4^{2-}	Na^+	Mg^{2+}	Ca^{2+}
90°S	南极点	30.0	94.0	39.0	13.0	1.0	1.5
80°~90°S	南极内陆	104.3	133.9	54.9	50.5	5.7	4.9
70°~80°S	南极内陆	78.6	72.1	43.9	36.0	4.0	3.2
60°~70°S	南极边缘	221.2	57.5	57.9	135.4	16.0	8.7
50°~60°S	南极半岛	171.7	19.8	55.2	98.9	— —	— —
纬度范围	亚洲高纬地区						
	地点	Cl^-	NO_3^-	SO_4^{2-}	Na^+	Mg^{2+}	Ca^{2+}
20°~30°N	青藏高原南部	31.9	105.4	91.2	20.7	21.9	194.0
30°~40°N	青藏高原北部	405.7	218.2	416.4	188.0	115.8	843.5
纬度范围	北极地区						
	地点	Cl^-	NO_3^-	SO_4^{2-}	Na^+	Mg^{2+}	Ca^{2+}
70°~80°N	格陵兰	18.1	138.6	111.4	4.9	1.0	5.6
80°~90°N	北冰洋	1572.7	— —	119.4	23750.0	2220.0	1870.0
90°N	北极点	4238.2	118.9	676.6	3520.0	1300.0	280.0

三个地区不同纬度范围内现代降水中主要正负离子的分布现状,其特点为:

①北冰洋中心海域海冰上覆积雪不同于极地冰盖和山地冰川(陆地雪盖),海冰上覆积雪不但能在随海冰漂流过程中,记录漂流沿线的大气环境信息。另一方面,由于剪切带以及其他形式冰间水域的存在,积雪还记录了近海表大气化学的某些信息,因而是研究海-气,雪(冰)-气界面过程的良好介质。由于冰间水域上空的雾滴大量吸收海盐离子进而传递进入雪冰,因此,北冰洋海冰上覆积雪内形成地球寒区雪冰内化学元素的峰值。

②北极地区由于海陆分布复杂,大气传输的路径和时空变化

亦较南极多样、多变,因此和海陆分布较规则的南极洲相比,雪冰化学环境记录在北极内部的地域分异亦更加复杂。最明显的例子是北冰洋中心海域与格陵兰冰盖的差异,格陵兰和加拿大北部地区是北极受污染较轻的地区,而中心海域则是各污染气团的交汇地带。北冰洋积雪化学反映了北极对流层下部现代大气环境的本底,格陵兰则反映了北极对流层中部的本底,后者与青藏高原喜马拉雅山高海拔地区和南极冰盖的多数地区接近。

③除北冰洋积雪中的明显峰值外,三个地区中以青藏高原北部各种正负离子浓度最高,以陆源尘埃物质的注入为主,反映了亚洲粉尘对区域大气环境的极大影响。南极大陆中心地带含量最低,该地区是西南极海汽通道上气团传输的终极点,陆源物质和北半球污染物传输的最远点,这一地区的雪冰化学基本上代表了对流层顶,平流层底部传输的全球本底。

④南极洲(尤其中心地带)是以记录全球本底信息见长的雪冰体;青藏高原冰雪圈伸入到对流层的中上部,表层雪冰内主要正负离子反映了中纬度对流层中上部的现代大气环境"本底";北极地区的不同区域则可反映海洋、陆地大气环境,海-气界面过程(海冰上覆积雪),北半球人类活动以及这些环境因子的综合信息,北冰洋积雪化学(剪切带等无冰水域附近的积雪除外)和格陵兰冰盖表层雪冰化学分别揭示了北极地区对流层下部和中部环境"本底"。

季节变化

雪冰内化学成分记录剖面一方面是它们季节变化的表现,更重要的是,在雪冰沉积后期变化微弱(无强烈淋溶作用和/或风吹雪扰动)的理想情况下,这种季节变化可能反映了大气环境的季节性差异,如源区的改变,大气传输强度的增强或减弱,大气化学反应能力的变化等等,因而具有重要的环境指示意义。

南极和格陵兰冰盖雪层中主要可溶离子中,Ca^{2+}和Na^+表现的季节性变化尤为突出。作为海盐气溶胶示踪的Na^+,其季节变幅在南极点和格陵兰均很大(冬季/夏季比率达 5～10 倍)，并且两地具有相似的季节变化，明显与极地冬季海洋气团的频繁入侵紧密相关。与 Na^+ 相反，Ca^{2+} 在南极点没有明显季节性变化，但在格陵兰春季雪层内有高含量的 Ca^{2+} 信号。两极雪层内 Ca^{2+} 的季节信号在时间和幅度上的差异可能由于 Ca^{2+} 具有双重来源的缘故？既有地壳来源的 Ca^{2+}，又有海洋来源的 Ca^{2+}。由于格陵兰雪层中 Ca^{2+} 以地壳来源占主导，在北半球高漂尘的春季必然表现峰值，但南极冰盖由于远离陆地集中的北半球，海洋源的 Ca^{2+} 经历长距离传输后到达南极内陆时已无明显季节性差异，所以 Ca^{2+} 的季节变幅较小。

从表 3.2 还可看出，在格陵兰 Cl^- 的季节变幅较 Na^+ 要小，虽然二者主要来源均为冬季海盐物质，但夏季 Cl^- 还有其它渠道(主要是氯烃类)来源，因而平滑了季节差异。除了海洋和地壳来源为主的上述离子外，其它酸根离子在南极和格陵兰冰盖均表现为夏季或春季峰值，但并不突出。

南极、北极和高亚洲地区雪冰化学的季节差异，是三个地区大气中相应化学物质源区、源强，传输效率差异的间接指示，客观上反映了现代全球大气环境过程和地球表层(大气圈、土壤圈、水圈等)的物质循环过程。

北冰洋中心地带积雪积累季节为上年 9 月至 5 月初，夏季北冰洋中心地带积雪很薄，至 7～8 月则消融殆尽。除剪切带高浓度离子外，其它站点多数离子峰值均出现在雪层中上部，明显对应于北极冬春季节，而且最大变幅也较格陵兰为大。这个时期峰值的出现，除了受到春季漂尘和海盐的影响外，正好对应于冬春季北极霾北犯季节，因而污染来源的含量上升。前文已对考察沿线积雪层内非海盐主要正负离子作了讨论，除剪切带外，其它站点雪层内非海盐离子十分显著。北冰洋中心地带雪层内化学离子的峰值季节和变幅不同于格陵兰的主要原因可能是由于格陵兰高海拔不利于对流层下部传输的中低纬度污染物的到达。与平坦海冰上积雪层主要正负离子的季节变化相比,剪切带雪层又是特例,因为下伏海冰运动变化无常,造成剪切带海冰块之间时合时离,因而海盐的释放也没有明显季节性规律,位于剪切带的三个雪坑中各种离子的剖面分布杂乱,可能是上述原因。另外,可能由于随海冰块的离合造成海盐离子的间歇性释放,因而具有异常高的变幅。

青藏高原雪冰内主要正负离子的峰值季节和最大变幅具有明显的南、北部差异。具有如下显著特点:

① 高原北部多数离子峰值季节在冬春季,对应于大风少降水季节;南部则仅有 Ca^{2+}, K^+, SO_4^{2-}, NO_3^- 表现出冬春季峰值,海盐离子中占优势的 Na^+, Mg^{2+} 和 Cl^- 则没有明显峰值季节,原因是高原南部夏季雨季带来的海盐离子抵消了原本较大的季节变幅。

② 最大季节变幅在高原北部远远高出南部,可能是南部雪冰内化学离子在各个季节具有多种来源渠道,而高原北部相对单一,即以陆地尘埃为主的原因。

总之,南、北极和高亚洲地区雪冰化学季节变化具有明显差异,反映了不同海陆分布格局、大气环流形势和人类活动分布条件下现代大气环境的地域分异。青藏高原北部多数离子集中在冬春季,而南部仅有少数离子具有清晰的季节性变化,其它一些离子则难于分辨。

主要正负离子在南、北极和青藏高原三个地区表层雪冰中的时空分布揭示了大气气溶胶的源区和传输,这些过程又与大尺度大气环流、季风、尘暴等事件密切相关. 在海陆分布格局单一的南极冰盖,表层雪冰内主要正负离子分布与距海岸距离和高程关系密切,但到目前为止尚未建立起它们之间的普适方程式。正负离子、MSA/nss SO_4^{2-} 比和过量氘(d)的空间分布均支持了海岸带降水物质和杂质来源于近岸带海洋,东南极冰盖内陆降水物质源于南半球中低纬度温暖海洋的观点。

北冰洋中心地带高程低,平坦的地形有利于气团传输,从北半球不同地区向北传输的气团在这一地带交汇。北冰洋积雪内包含了从周围大陆传输而来的尘埃物质(如 Al,Ca,Mn 等)和人为污染物质(如 Pb,Mn,Br,过量 SO_4^{2-},过量 Cl^- 等),尤以冬春季节为甚。无冰海域释放的海盐离子和非海盐有机物质对局地雪冰杂质(如 Na^+,Cl^-,Mg^{2+},Br^-,MSA 等)具有显著贡献。北极地区海陆分布复杂,大气传输的途径也多样、多变。例如格陵兰冰盖因其地势高,一定程度上阻碍了气团的传输,虽然雪冰化学也包含了陆源、海洋源以及人类污染源等多种杂质成分,但其含量较北冰洋中心地带低。两个地理单元的雪冰化学分别受到不同气团的影响。Pb 稳定同位素比率($^{206}P/^{207}Pb$)和气象学证据表明,就地壳源和人为污染来源的杂质而言,北冰洋中心地带受到北美西部气团和亚欧气团的影响显著,格陵兰北部和南部则主要受到源于欧洲、向北传输但之后又返向冰岛低压的回流气团,以及从北美洲东部地区向格陵兰传输气团的影响。

  青藏高原地区主要正负离子的时空分布特征反映了控制高原雪冰化学的两个大气传输过程:东南—西北向传输的季风过程,以及从高原北部向南部传输的陆地扬尘天气过程。在空间上,两种过程在唐古拉山一线达到准平衡;在时间上,干冷季节对应大风季节、暖湿季节对应少风季节的气候特点,决定了高原表层雪冰化学记录的季节差异和沉积方式(湿沉积和干沉积)的季节转换。

雪冰界面的地气相互作用

  冰川的存在改变了气候系统中的下垫面热力学特征,使其下垫面与大气间的辐射和湍流交换具有与其它下垫面区别极大的特征,形成了其表面独特的能量平衡过程。特殊的能量交换过程必然会导致特殊的小气候环境,加之气候系统的均衡性作用,在冰川表面会形成一个连续的但影响范围有限的水分与能量循环,形成了冰面微气候。

  冰川气候学与冰川学几乎具有相同的研究和发展历史。最初的冰川气候学是以对冰川发育地区的气候环境特征为起点的,只进行单纯的冰川表面气候的观测。20世纪30年代中期,对冰川表面能量因子的探讨,标志着其理论走上了较为成熟的阶段。1950年代中期,能量平衡理论和大气近地层湍流相似理论的提出,促进了冰川气候学的迅速发展。随后,计算机的应用和气候系统理论的形成,使冰川气候学进入了以物理气候学模型为手段、以冰川对气候系统的响应为目的的发展阶段。

与构成地球表面的其它物体,诸如水体、土壤、植被等相比较,积雪具有高反照率,强热辐射和高绝热性能。它们对地表面辐射平衡的影响导致雪面和低层大气的强烈冷却作用,从而影响积雪地区的气候环境,并对大气环流产生热力强迫作用。气候变化总是伴随以大陆积雪的演变,后者引起的地表反照率的改变,反过来加剧了气候的变化。积雪反照率对气候的正反馈作用在冰期—间冰期气候旋回中起了推波助澜的作用,也形成了地球气候变化的一个重要特征——极地和高纬度积雪带对气候变化的显著放大作用。

冰雪覆盖是大气的冷源,它不仅使冰雪覆盖地区的气温降低,而且通过大气环流的作用,可使远方的气温下降。冰雪覆盖面积的季节变化,使全球的平均气温亦发生相应的季变。如果不考虑一年中日地距离的变化,作为全球平均,一年四季接受到的太阳辐射应该是一个常数,全球平均气温也应该接近为一个常数,而没有显著的季节变化。但事实却不然,全球平均的1月气温远低于7月。根据近年日地距离的情况看来,1月接近近日点,1月的天文辐射量比7月约高7%,显然,全球平均气温1月低于7月与冰雪覆盖面积有关。北半球和南半球各自的月平均气温均与冰雪覆盖面积呈反相关关系,冰雪面积大,平均气温低。北半球大陆雪盖面积的年际变化与大陆平均气温的对应关系亦很明显,出现雪盖面积正距平的年份,大陆气温即为负距平。而雪盖面积为负距平时,大陆气温即呈现出正距平。

冰雪表面的致冷效应是由于冰雪表面的辐射性质和冰雪-大

气间的能量交换和水分交换特性因素造成的。

冰雪表面的辐射性质

冰雪表面对太阳辐射的反射率甚大,一般新雪或紧密而干洁的雪面反射率可达 86%~95%;而有孔隙、带灰色的湿雪反射率可降至 45% 左右。大陆冰原的反射率与雪面相类似。海冰表面反射率约在 40%~65% 左右。由于地面有大范围的冰雪覆盖,导致地球上损失大量的太阳辐射能。这是冰雪致冷的一个重要因素。地面对长波辐射多为灰体,而雪盖则几乎与黑体相似,其长波辐射能力很强,这就使得雪盖表面由于反射率加大而产生的净辐射亏损进一步加大,增强反射率造成的正反馈效应,使雪面愈益变冷。

冰雪-大气间的能量交换和水分交换特性

冰雪表面与大气间的能量交换能力很微弱。冰雪对太阳辐射的透射率和导热率都很小。当冰雪厚度达到 50cm 时,地表与大气之间的热量交换基本上被切断。在北极,海冰的厚度平均为 3m,在南极,海冰的厚度为 1m,大陆冰原的厚度更大。因此大气就得不到地表的热量输送。特别是海冰的隔离效应,有效地削弱海洋向大气的显热和潜热输送,这又是一个致冷因素。

冰雪表面的饱和水汽压比同温度的水面低,冰雪供给空气的水分甚少。相反地,冰雪表面常出现逆温现象,水汽压的垂直梯度亦往往是冰雪表面比低空空气层还低。于是空气反而要向冰雪表面输送热量和水分(水汽在冰雪表面凝华)。所以冰雪覆盖不仅有使空气致冷的作用,还有致干的作用。冰雪表面上形成的气团冷而干,其长波辐射能因空气中缺乏水汽而大量逸散至宇宙空间,大气逆辐射微弱,冰雪表面上辐射失热更难以得到补偿。

此外,当太阳高度角增大,太阳辐射增强时,融冰化雪还需消耗大量热能。在春季无风的天气下,融雪地区的气温往往比附近无积雪覆盖区的气温低数十度。

综合上述诸因素的作用,冰雪表面使气温降低的效应是十分显著的。而气温降低又有利于冰面积的扩大和持久。冰雪和气温之间有明显的正反馈关系。

冰雪覆盖使气温降低,在冰雪未全部融化之前,附近下垫面和气温都不可能显著高于冰点温度。因此冰雪又在一定程度上起了使寒冷气候在春夏继续维持稳定的作用。它往往成为冷源影响大气环流和降水。冰雪覆盖面积对降水的影响还可涉及到遥远的地区。据研究,南极冰雪状况与我国梅雨亦有密切关系。从大气环流形势来看,当南极海冰面积扩展的年份,其后期南极大陆极地反气旋加强,绕极低压带向低纬扩展,整个行星风带向北推进,从而使赤道辐合带北移,并导致北半球的副热带高压亦相应地北移。又由于南极冰况分布有明显的偏心现象,最冷中心偏在东半球(70°~90°E),由此向北呈螺旋状扩展至澳大利亚,由澳大利亚向北推进的冷空气势力更强,因此对北太平洋西部环流的影响更大。

以 1972 年为例,这一年南极冰雪量正距平值甚大,自南半球跨越赤道而来的西南气流势力甚强。西太平洋赤道辐合带位置偏东、偏北,副热带高压弱而偏东,东亚沿岸西风槽很不明显,而在 80°E 附近却有低槽发展,这种形势不利于冷暖空气在江淮流域交绥,因此是年梅雨季短、量少,为枯梅年。相反,在 1969 年南极冰雪量少,行星风带位置偏南,北半球西太平洋赤道辐合带位置比 1972 年偏南约 15 个纬距(在 160°E 以西),副热带高压西伸,且偏南,我国大陆东部有明显的西风槽,有利于锋区在此滞留,是年梅雨期长,梅雨量高达 2800mm,约相当于 1972 年的三倍。

此外,冰雪覆盖面积和厚度的变化还影响海水水平面的高低。在寒冷时期,降雪多而融化少,这样大陆就把水分以冰雪形式留在大陆上,不能通过河川径流等水分外循环形式如数(海洋表面蒸发数量)还给海洋,导致海洋支出的水分多,收入的水分少,海水就会变少,海平面就会下降。相反,在温暖时期,大陆上的积雪就会融化,这时海洋收入的水分又会多于支出的水分,引起海水增多和海平面上升。

雪冰中的能量交换过程

冰川是水分与能量条件的产物,热量是冰川发育的最基本制约因素之一。冰川表面任何一点,若不考虑其水平和对流能量交换,能量交换方程可表示为

$$Q_M + Q_e = Q_N + Q_s + \Delta Q + Q_p \tag{3.1}$$

式中Q_M为用于冰雪融化消耗的能量;Q_e为潜热交换量;Q_N为净辐射或称辐射平衡;Q_s为感热交换量;Q_p为液态降水冻结释放的热量。ΔQ被定义为单位柱体在没有能量交换深度以上部分与冰川表面的能量交换量,其中包括传导热交换和融水下渗再冻结所携带的能量。

中国山地冰川消融期表面能量平衡的观测实验结果分析,其组成结构具有如下特点:

①中国西部冰川表面消融期辐射过程的供热比率(某能量收入项在整能量收入量中所占比率)差别很大,最大为100%(喜马拉雅山绒布冰川),最小为49%(唐古拉山冬克玛底冰川)。日平均净辐射最大值为267W/m²,最小值为35W/m²,此值大致随海拔升高而减小。

②冰川表面的能量平衡组成特征与冰川发育的气候环境有关。一般来讲,气候越干,辐射过程的供热比降低,而感热交换供热比增加;同时,潜热交换的耗热比上升,而冰雪融经过程的耗热比降低。喜马拉雅山绒布冰川表面的能量平衡受强季风气候影响而特征显著,净辐射为最主要的消融热源。

③同一冰川上消融区内能量平衡值差别很大但组成结构很相近。以天山乌-1号冰川为例:净辐射供热比为83%~89%,感热交换为7%~15%,潜热交换耗热比为5%~7%,冰雪融化耗热比为

93%～95%。

④大陆型冰川表面最为明显的能量平衡组成特征为其潜热交换是蒸发耗热。其耗热比最大值为74%（西昆仑山崇测冰帽）。

当然，冰川表面辐射过程总体上的亏损并非意味着它不是冰川消融过程的重要能量来源，事实上，消融期冰川表面的辐射交换过程在消融过程中的作用是很重要的。若以4～9月作为辐射能收入期（与消融期大致吻合），以10月至来年3月作为辐射能支出期，唐古拉山冬克玛底冰川表面能量平衡组成的年内变化如表3.3所示。

表3.3 唐古拉山冬克玛底冰川表面能量平衡组成的年内变化
（据张银生等）

期间		4～9月	10～3月	平均
净辐射	MJ/(m²·d)	3.7	-4.4	-0.4
	%	50.0	-100.0	
感热交换	MJ/(m²·d)	3.7	3.5	3.6
	%	50.0	76.0	
潜热交换	MJ/(m²·d)	-5.4	0.8	2.3
	%	-73.0	17.0	
冰雪融化耗热	MJ/(m²·d)	-1.8		-0.9
	%	-25.0		
传导热交换	MJ/(m²·d)	-0.1	0.3	0.1
	%	-2	7.0	

4～9月间，冬克玛底冰川表面的辐射能收入供热比为50%，另一热源为感热交换也为50%。冰川消融中蒸发耗热项占73%，冰雪融化耗热只占25%。10月至来年3月，辐射过程成为能量支出项。能量交换系统的调节作用使其它因子均成为供热项。其中感热交换的供热比为76%，潜热为17%，冰川内部向表面传导热交换为7%。就全年来看，冰川表面感热交换是一重要且稳定的热

源。

冰川表面反射率的变化是其能量平衡研究的关键之一。首先它与积雪的性质有关,1983年夏季在乌-1号冰川表面的观测表明冰川表面反射率 α 与其表面密度 ρ 有如下统计关系:

$$\alpha = 1.0118\exp(-1.954\rho) \qquad (3.2)$$

积雪密度相近时,其反射率取决于含水量。当雪颗粒之间的空隙被融水充填时,因融水强烈吸收辐射能致使雪颗粒的反射能力相应减弱。因融水量的多少决定于气温,因而消融期的冰川表面反射率亦可与气温间接联系起来。但其间的关系因下垫面种类不同而差别很大。裸露冰面的日平均反射率随气温增加呈线性减少,而积雪表面则呈指数减少。一般来讲,冰川消融区表面反射率较低,净辐射会有所增加,冰雪融化耗热增加,冰雪蒸发量很小。而在积累区,冰雪融水量极少,反射率高导致净辐射减少,且大部分能量收入多用于潜热交换。

表3.4为乌-1号冰川表面海拔3910m处1986年夏季各月能量平衡组成特征。

表3.4　乌-1号冰川表面1986年夏季能量平衡组成(据康尔泗)

月份	净辐射		感热交换		潜热交换		融化耗热	
	W/m²	%	W/m²	%	W/m²	%	W/m²	%
6	42	84	8	16	-9	-18	-41	-82
7	94	85	16	14	1	1	-111	-100
8	81	84	15	16	-7	-7	-89	-93
平均	73	85	13	15	-5	-6	-81	-94

由表3.4可见,从乌-1号冰川的能量收入项的组成来讲,辐射过程与感热交换过程的供热比是相当稳定的。净辐射的供热比约为85%,感热交换的供热比约15%。但是,其组成内容差别还是很大的。6月,平均净辐射通量只有42W/m²,平均感热交换通量只有8W/m²。7月,二者的平均通量增加了一倍以上。其能量支出

的组成则变化非常大。6月平均潜热通量为 $9W/m^2$,耗热比为 18%;冰雪融化平均热通量为 $41W/m^2$,耗热比为 82%。7月,潜热交换变成一极微弱供热项,冰川表面的所有能量收入均用于冰雪融化,平均通量为 $111W/m^2$。

冰川表面能量平衡系统各因子之间存在着内在联系,辐射能输入因子——净辐射的变化,必然会导致能量平衡组成的变化。

冰川表面的辐射能输入对其它因子的影响是很复杂的,11月至来年3月净辐射均为负值,冰川表面则调整其能量平衡结构,以适应辐射能负方向上扰动。其表现为湍流输送过程以感热和潜热形式释放能量以维持系统的动态平衡。同时其传导热交换亦以相当的量供热于冰川表面,在净辐射为负值期间,传导热交换对能量平衡的贡献是平时的2~3倍,感热对于冰川表面能量平衡的作用至关重要,其值在夏季消融期和净辐射为负值期间均很高。它一方面为消融过程提供能量,一方面补充辐射能负方向扰动所带来的能量亏损。

潜热是能量平衡中最活跃因子,它基本上是在净辐射出现负值时,由负值转变成正值。所以,冰川-大气系统中辐射交换过程会影响系统内水汽交换的方向。潜热对能量系统的贡献在冰雪的非融化期较大,随着消融过程加强,潜热在能量支出中的比例有所减少。

冰川的存在对气候系统最直接的影响是改变了下垫面的热力学性质,或者说改变了下垫面的反射率和能量耗散特征。冰川表面的高反射率大大降低了其吸收短波辐射的能力,使其能量平衡组成与非冰川区差别很大。同时,冰川表面气候要素亦呈现与非冰川区不同的变化特征。气温波动幅度平均可相差2~3.7℃,形成这种现象的根本原因是冰川表面能量平衡明显的季节差异性。夏季冰面气温升至0℃以上,大量的能量被用于冰雪融水,因而冰川表面的升温过程受到抑制,表面气温较大幅度低于周围环境气温。冬季冰川表面没有融化现象,其表面温度与非冰区相差不大,夏季那种气温差值也就不发生了。

　　冰川区与非冰川区大气湿度的差异是与气温的变化相联系的。夏季冰川表面较大幅度低于非冰川区,造成大气层保持水汽的能力降低,因而湿度也比非冰川区低。冬季这两种下垫面气温的相似,亦使其湿度相差无几。冰川表面另一气候要素变化特征是风速较高。冰川发育的地形特征,使其表面风向变化具有较为集中的特点。

　　冰川表面与非冰川区对辐射能不同的吸收特性是形成两者之间气候要素变化特征差异的根本原因。冰川表面强大的反射能力,使其表面对短波辐射的吸水量大大低于非冰川区下垫面。资料表明,在冬克玛底冰川表面年平均反射率为 0.75,而非冰川区只为 0.20,即冰川表面比非冰川区下垫面少吸收了总辐射量的 55%,其数量相当于 $4100MJ/(m^2 \cdot a)$。

　　冰川表面与非冰川区下垫面辐射过程的差异亦表现在长波辐射平衡,冬季非冰川区下垫面表面温度剧烈下降,使长波辐射平衡值较大幅度低于夏季;夏季至冬季长波辐射平衡的下降幅度与短波辐射平衡相似,使净辐射除 12 月很短的时间外均为正值,即非冰川区下垫面总是通过辐射过程获得能量。冰川表面夏季至冬季短波辐射平衡下降的同时,长波辐射平衡值剧增加,使净辐射从 11 月至来年 3 月 5 个月时间均为负值。这是形成两种下垫面微气候学特征差异性的根本原因。

　　除反射率外,冰川表面与非冰川区下垫面另一热力学差异表现在消融期冰川表面冰雪的融化过程及其消耗的巨大能量上。冰川表面平均净辐射通量为 $54.5W/m^2$,供热比为 82.5%;而非冰川表面平均净辐射通量达 $122.4W/m^2$,并且成为能量平衡系统的能量来源。

　　冰川表面的能量平衡是一个非绝热系统,当系统的辐射能输入量发生变化时,系统内部就要进行能量结构的调整,以达到新的动态平衡。调整的结果会使系统内部的温度发生变化。所以,冰川表面的气温与辐射能输入密切相关。

冰川表面气温与总辐射通量的关系可通过其敏感性系数 $\dfrac{dT_a}{dQ_g}$ [单位为℃·(W/m²)⁻¹]来分析,其物理意义在于总辐射变化所导致的气温变化值。唐古拉山冬克玛底冰川表面的计算结果表明:冰川表面气温对总辐射通量变化的敏感性季节波动很大,敏感性系数夏季平均值为 0.055 ℃·(W/m²)⁻¹,即总辐射通量波动 100W/m²,可导致气温波动 5.5℃;冬季敏感性系数的平均值较小,总辐射波动 100W/m² 可导致 3.2℃ 的气温波动。所以,就整体来看,冬季冰川表面气温低但变化较为平缓。当总辐射 Q_g 为一定值时,敏感性系数与表面反射率 α 成反比。或者说下垫面吸收得越多,其上部大气层结的温度对总辐射通量波动的敏感性越高。非冰川区气温对总辐射通量变化的反应比冰川表面敏感得多。冰川表面年平均敏感性系数值为 0.048 ℃·(W/m²)⁻¹,而非冰川区为 0.361 ℃·(W/m²)⁻¹,相差 6.5 倍,而二者对太阳辐射的吸收率分别为 0.80 和 0.25,相差仅 2.1 倍。

第四章

冰川融水与全球水循环

冰川为固体水库

冰川是自然界中最宝贵的淡水资源。地球上陆地面积的10%被冰覆盖,80%的淡水保存在冰川上。尽管冰川储量的96%位于南极大陆和格陵兰岛,但是其它地区的冰川由于临近人类居住区而更有利用的现实意义,特别是亚洲中部干旱区,历史悠久的灌溉农业一直依赖高山冰雪融水。内陆河水量的很大部分来自山区积雪、冰盖和冰川的季节性融化,这些来自不同年代的固态水被称为内陆河流域的"固体水库"。

全球冰川的覆盖面积约$1.6 \times 10^8 km^2$,冰储量达$3.6 \times 10^8 km^3$(表4.1),南极冰盖是世界上最大的冰盖,面积达$13.6 \times 10^6 km^2$,格陵兰冰盖面积约为$1.8 \times 10^6 km^2$,山岳冰川的面积合计约为$0.5 \times 10^6 km^2$,三者冰体的体积之比约为90:9:1。如果扣除南极和格陵兰冰盖,则冰川和冰帽的面积约$6.8 \times 10^6 km^2$(表4.2)。

表 4.1 全球冰川的分布

	南极	格陵兰	冰川与小冰帽
面积($10^6 km^2$)	13.59	1.76	0.50
冰储量($10^6 km^3$)	33.09	2.90	0.65
相当于海面变化(m)	65.00	7.00	0.35
物质周转时间(年)	约15000	约5000	50~1000

表 4.2 世界冰川区域分布(扣除南极和格陵兰冰盖)

地 区	面积($10^3 km^2$)	所占比例(%)
北极岛屿	244	35
阿拉斯加和育空	75	11
美国和加拿大	49	7
亚洲	119	18
欧洲	18	3
格陵兰和南极冰川	140	21
南半球	35	5
全球	680	100

由表 4.1 和表 4.2 可知,如果全球冰川全部融化,可使全球海面上升约 70m。

根据《中国冰川目录》最新统计,中国共发育有冰川 46298 条,面积 $5.94 \times 10^4 km^2$,冰储量 $5590 km^3$。在世界冰川的统计中,中国冰川面积占全球冰川(冰盖)总面积(约 $1.6346 \times 10^6 km^2$)的 0.4%,分别占世界山地冰川($41.07 \times 10^4 km^2$)和亚洲山地冰川面积($12.49 \times 10^4 km^2$)的 14.5% 和 47.6%,在世界冰川资源中占有重要地位。

西藏自治区的冰川数量多,面积最大,但新疆单个冰川的规模大,冰储量最多。中国面积大于 $100 km^2$ 的 27 条冰川中,新疆就占有 21 条(78%),因而冰川平均面积也较大。云南省的冰川只分布在玉龙雪山和梅里雪山,冰川数量少,冰川面积也不大。

甘肃省的冰川分布在祁连山北坡,归属于河西走廊水系,计有冰川1613条,面积866km^{2}和冰川储量36km^3。发源于祁连山和党河的冰川全部在甘肃省境内,而黑河、北大河和疏勒河的主分水岭与青海和甘肃的省界不相吻合,因而这些河流内的冰川不完全属于甘肃省,使甘肃省的冰川数量和规模均小于青海省,在全国所占比例也很小,但实际位于内陆干旱的河西走廊水系,冰川面积达1335km^2,水资源的经济价值高,是河西商品粮基地赖以发展的命脉。

新疆维吾尔自治区的冰川分布在阿尔泰山、天山、帕米尔、喀喇昆仑山和昆仑山,包含在额尔齐斯河、准噶尔内流河、中亚细亚内流河和塔里木内流河等水系中,该区发育有冰川18499条,面积25342km^2,冰储量2696km^3,约占中国冰川总储量的48.23%,是中国冰川规模最大和冰储量最多的地区。新疆地处内陆干旱区,冰川在水资源的构成中占有重要地位,是该区工农业生产赖以发展的重要保证。

青海省的冰川分布在祁连山、东昆仑山和唐古拉等山脉,其融水汇入长江、黄河和柴达木内流水系。青海省共发育有冰川2965条,面积3675km^{2}和冰储量265km^3,冰川数量和规模仅次于西藏和新疆,位居第三。长江和黄河均发源于青海省境内的冰川区,其融水对于补给和调节江河上游径流具有重要意义,而环绕干旱少雨的柴达木盆地的山脉,其上发育的冰川对于该区灌溉农业和石油化工等工业的发展具有重要的经济价值。

西藏的冰川分布于喜马拉雅山、念青唐古拉山、喀喇昆仑山东段南坡、昆仑山南坡和青藏高原内部等山地,按其水系应属于恒河(雅鲁藏布江等)、印度河(狮泉河和象泉河)、澜沧江、怒江等外流水系和羌塘高原内流水系。该区发育有冰川22468条,面积约2.86×10^{4}km^{2}和冰储量2533km^3,是中国冰川条数和面积最多的地区,但冰储量没有新疆多,冰川平均面积也小于新疆。由于西藏南北和东西跨度大,冰川发育的水热条件的地区差异悬殊,冰川分布极不均匀,冰川类型也各不相同。西藏冰川水资源在灌溉上意义不如内陆干旱区的新疆和甘肃省(区),但在冰川水能利用方面潜力大,冰川在调节河川径流中也具有重要作用。

按流域划分,中国内流区发育有冰川 26894 条,面积 35390km² 和冰储量 3565km³,分别占全国相应冰川总量的 58.09%、59.57% 和 63.78%,冰川平均面积达 1.32km²。

在内流区中,被高大的天山、帕米尔高原、喀喇昆仑山和昆仑山所环绕的塔里木内流河的冰川数量最多,规模最大,其面积和储量分别占内流区相应总量的 56% 和 65%,冰川平均面积高达 1.70km²(表 4.3)。

外流区的冰川是中国长江、黄河、雅鲁藏布江等大江大河的发源地,发育有冰川 19404 条,面积约 2.4×10^4km² 和冰储量 2025km³,分别占全国相应冰川总量的 41.91%、40.43% 和 36.22%,冰川规模相对较内流区为小。

在外流区中,雅鲁藏布江冰川最为发育,其面积和冰储量分别占外流区相应总量的 45.68% 和 50.09%,是外流区冰川数量最多和规模较大的流域。冰川面积多于 1000km² 的河流依次有恒河西支、长江、怒江、印度河和鲁希特河。

恒河西支在我国境内有朋曲、麻章藏布和吉隆藏布等河流,其中朋曲的冰川面积为 1357km²,其余河流冰川数量少,冰川规模也不大。

长江源于唐古拉山沱沱河源的姜古迪如冰川,共发育有冰川 1332 条,面积 1895km² 和冰储量 147km³,在其金沙江、雅砻江、嘉陵江等支流都有冰川分布,其中面积 75% 的冰川分布在金沙江,其余河流冰川分布零星,冰川规模也很小。

怒江位于藏东南地区,受西南季风强降水的影响,也发育了数量较多的冰川,冰川面积和储量分别达 1730km² 和 115km³,是横断山山间纵向河流中冰川最多的河流。

第四章 冰川融水与全球水循环

表 4.3 中国各水系冰川数量统计(刘潮海等)

分区	一级流域	二级河名	冰川条数 条数	%	冰川面积 km²	%	冰储量 km³	%	冰川平均面积 (km²)
内流区	东亚内流区	河西内流河	2194	4.74	1335	2.25	62	1.10	0.61
		柴达木内流河	1581	3.42	1865	3.14	128	2.30	1.18
		塔里木内流河	11711	25.29	19889	33.48	2313	41.38	1.70
		吐鲁番-哈密内流河	3446	0.96	253	0.42	13	0.23	0.57
		准噶尔内流河*	3412	7.37	2254	3.79	137	2.46	0.66
		小 计	19344	41.78	25596	43.08	2653	47.47	1.32
	中亚内流区	伊犁河	2373	5.13	2023	3.41	142	2.54	0.83
		喀拉湖	12	0.02	25	0.04	2	0.03	2.13
		小 计	2.385	5.15	2048	3.45	144	2.57	0.86
	羌塘流域	—	5165	11.16	7746	13.04	768	13.74	1.50
	合计		26894	58.09	35390	59.57	3565	63.78	1.32
外流区	鄂毕河	额尔齐斯河	403	0.87	289	0.49	16	0.29	0.72
	黄河	大通河	108	0.23	41	0.07	1	0.02	0.38
		黄河上游段	68	0.15	132	0.22	11	0.20	1.93
		小 计	176	0.38	173	0.29	12	0.22	0.98
	长江	金沙江	935	2.02	1427	2.40	112	2.01	1.53
		雅砻江	150	0.33	130	0.22	7	0.13	0.87
		岷江	246	0.53	338	0.57	27	0.49	1.38
		嘉陵江	1	0.00	<1	0.00	<1	0.00	0.15
		小 计	1332	2.88	1895	3.19	147	2.63	1.42
	澜沧江	上游段	380	0.82	316	0.53	18	0.32	0.83
	怒江	上游段	2021	4.36	1730	2.91	115	2.06	0.86
	印度河	森格藏布(狮泉河)	1244	2.69	779	1.31	44	0.78	0.63
		朗钦藏布(象泉河)	789	1.70	672	1.13	50	0.90	0.85
		小 计	2033	4.39	1451	2.44	94	1.68	0.71
	恒河	恒河西支	2153	4.65	3453	5.81	309	5.52	1.60
		雅鲁藏布江	8240	17.80	10971	18.47	1014	18.14	1.33
		雄曲—娘曲等	1527	3.30	1899	3.20	146	2.61	1.24
		鲁希特河	905	1.95	1399	2.36	107	1.91	1.55
		喜马拉雅山间内流湖	234	0.51	440	0.74	47	0.84	1.88
		小 计	13059	28.21	18162	30.58	1623	29.02	1.39
	合计		19404	41.91	24016	40.43	2025	36.22	1.24
总计			46298	100.0	59406	100.0	5590	100.0	1.28

*. 发源于阿尔泰山北坡的科布多河(5y124)上游在中国境内仅有 6 条冰川,面积 2.69km², 冰储量 0.0705km³, 故未单独列出,统计时将其数量括入准噶尔内流河内

印度河在中国境内仅有狮泉河和象泉河两支流,冰川面积也可以达到1451km², 但冰川个体规模较小。

冰川——人类重要的淡水资源

地球上各种形式的总水量估计为 13.86×10^8 km³,其中约有2.15%是冻结的。就淡水而言,几乎有约70%是以冰和雪的形式存在的。

表4.4所示为世界水资源状况的对比资料。

表4.4 世界水资源对比

水体类型	储量(10^3km³)	占总水资源(%)	占总淡水(%)
海洋	1338000	96.54	
冰川、冻土、积雪(淡水)	24064	1.74	68.70
地下淡水(含水层)	10.530	0.76	30.06
淡水湖	91	0.007	0.26
河流	2.12	0.0002	0.006
生物体内的水	1.12	0.0001	0.003
地球总的水	1386000	100	
地球总的淡水	35029		

中国西部冰川水资源对西北干旱区的水资源重大影响。在真正意义上的西北地区(即甘肃、青海、新疆三省区)共有冰川24752条,冰川面积 31351.09km²,冰川储量 3107.8km³,中国冰川的年融水径流量达 5.64×10^{10}m³,接近黄河的年径流总量。

干旱缺水的中国西北地区,冰川水资源就是绿洲生命线。哪里的山上有冰川,哪里的山前原平就有绿洲。

从淡水资源的供求关系看,北美洲、亚洲、非洲、欧洲、南美洲、大洋洲,热量相对充足,自然地理过程内容丰富,生物圈结构完整,

第四章 冰川融水与全球水循环

是人类的常住陆地,需要大量的淡水资源,属于淡水资源的全负荷区。与此相反,南极洲和格陵兰则为低负荷区。

显而易见,冰川对于全负荷区的淡水资源意义远大于低负荷区。但是,全球冰川的 96.6%(面积),却集中在低负荷区,而非洲和澳大利亚,干旱区面积占全球同类的 51.8%,急需获得冰川淡水的补给,却只有极少或甚至没有冰川,形成异常显著的供需矛盾。南极洲和格陵兰,将随着发展而成为人类未来最大的淡水资源库和供应地。

据世界权威机构的资料,中国水资源量排全球第 110 位,被联合国列为 13 个贫水国之一。13 个贫水国中,惟独中国储备有最大数量的冰川。

凡此种种,说明了中国冰川水资源的意义巨大。

冰川作为优质淡水资源,在世界的分布极不均衡,97%分布在南极和格陵兰,而其它各大陆却只占 3%左右。但从山岳冰川来看,67%分布在最需淡水资源的中低纬带,无疑于甘露。

在我国西部,冰川每年提供的水资源约达 $6.0 \times 10^{10} \mathrm{m}^3$,对缓解干旱区水资源压力,改善生态环境,促进经济发展都具有重要意义。

表 4.5 所示为我国西部六省区冰川及冰川融水径流量情况。

表 4.5 中国西部六省区冰川及冰川融水径流量(据杨针娘)

省 区	冰川面积 (km^2)	冰川融水径流量 ($10^8 m^3$)	出山河川径流量 ($10^8 m^3$)	冰川融水补给比重 (%)
甘肃	866	10.72	299	3.6
青海	3675	23.76	622	3.8
新疆	25342	201.50	793	25.4
西藏	28645	349.15	4064	8.6
云南、四川	878	19.52		
总 计	59406	604.65		

冰川水的特点

1. 冰川水由于发育于高寒、高海拔的地区,远离人类住居区,空气清新,无污染。有关分析表明,冰川水中细菌总数和大肠杆菌均为零,且几乎不含有害氮化合物和其它有害成分;
2. 冰川水具有低氘、低氚(温度高,则水汽中的氘、氚含量亦高)和低钠的特征。有关研究表明氘对生理活性不利,高钠易导致与心血管有关的一系列疾病;
3. 根据地区不同,冰川水中含有一些对人体有益的微量元素,特别是锌(Zn)的含量可达 0.062~0.068mL/L,对人体发育、促进儿童健脑、增强记忆力、促进成年男性性功能和其它器官的发育都大有好处;
4. 冰川水的矿化度、pH 值:大部分地区冰川水的矿化度都低于 35mg/L,属低矿化度、优质软水;
   酸度(pH 值):多数地区采样测试表明,冰川水的 pH 值介于 5.22~7.93,属无酸性污染的中性水或近似中性水;
5. 微量元素:Cu,Zn,Pb,As,Cd,Hg,Sr 等 16 种微量元素的检测表明各主要高山微量元素含量低于国家规定的饮用水标准。

冰川水资源的开发与利用

1. 冰川水化学、氢氧同位素及总放射核素量周年动态变化;
2. 冰川水对提高种子发芽率和促进植物生长的机理及其应用前景;
3. 冰川水和其它饮用水在保护 DNA 中的分子生物学特征方面的研究;
4. 冰川水在医药工业中的应用;
5. 以冰川水为主要配剂的中草药保健品的研制与开发。

冰川融水对河流的补给

冰川具有调节河川径流量的作用。在低温湿润年份，热量不足，冰川消融较弱，冰川积累量增加。在干旱少雨年份，晴朗天气增多，冰川消融强烈，释放出大量冰川融水。因此，我国西部山区冰川融水补给量较大的河流，干旱年份不缺水，多雨年份水量减少，缓和了河流丰、枯水年水量变化的幅度。不同类型的河流，冰川融水的调节作用不同。

干旱年份，降水量不同程度地比正常年偏少，冰雪融水类河流的径流量普遍比正常年偏大；雨水-冰雪融水类河流的径流量接近正常年或略偏少；雨水类与雪融水类河流的径流量比正常年偏少较多。

湿润年份则相反，冰雪融水类河流的径流量偏少；雨水-冰雪融水类河流略高于正常年；而雨水类与雪融水类河流的径流量则偏大。

由此可见，冰川融水补给比重较大的冰雪融水类和雨水-冰雪融水类河流，可以调节因气候变化河流水量偏丰或偏枯，从而减少年际变化幅度而使径流量较稳定，这类河流径流量的年变差系数一般为 0.10～0.20。

冰川融水径流对河川径流的调节作用还在于，在干旱少雨的年份，冰川融水可以弥补因降水减少而造成的河流水量不足。当连续出现低温多雨天气时，冰川融水量减少，冰川上的积雪补给冰川形成冰川冰保存起来，河流水量减少。一旦高温干旱替换低温潮湿，河流水量则增大。因此，冰川融水补给量较大的河流受旱涝威胁相对要小，对我国西部干旱地区农业稳定和持续发展起着重要作用。

就冰川融水对河流的补给比重而言，我国西部省区冰川融水径流对河流的贡献以新疆为最大，其补给比重占 25.4%；其次是西藏,占 8.6%;甘肃最小,仅占 3.6%。但是,就祁连山的冰川而言,其融水径流对甘肃河西走廊三大内陆河水系的补给比重可达到 14%。

表 4.6 所示为中国西部山区内陆河水系冰川融水径流及其对河流的补给比重。

表 4.7 所示为中国西部山区外流河水系冰川融水径流及其对河流的补给比重。

表 4.6　中国西部山区内陆河水系冰川融水径流及其对河流的补给比重
（据杨针娘）

内陆河水系	冰川面积 (km^2)	占内陆河水系冰川面积 (%)	出山河川径流量 ($10^8 m^3$)	冰川融水径流量 ($10^8 m^3$)	冰川融水补给比重 (%)
甘肃河西走廊	1334.75	3.77	72.4	9.99	13.8
准噶尔盆地	2254.10	6.37	125.0	16.89	13.5
新疆伊犁河	2022.66	5.72	193.0	26.41	13.7
塔里木盆地	19888.81	56.20	347.0	133.42	38.5
柴达木盆地	1865.05	5.27	47.6	6.31	13.3
哈拉湖	25.50	0.07	3.2	0.12	3.8
羌塘高原	7746.11	21.89	246.0	39.10	15.9
吐-哈盆地	252.73	0.71	—	1.90	—
总　计	35389.71	100.00	1053.5	234.14	22.2

由此可见,冰川融水径流水资源丰富的地区,冰川融水对河流的补给比重不一定大。冰川融水径流量基本相近的塔里木盆地水系和雅鲁藏布江水系,前者的冰川融水径流对河流的补给比重为 38.5%,而后者仅为 12.3%。

内陆河水系冰川融水补给比重为 22.2%,而已统计外流河水系河段只有 9.0%(表 4.6,表 4.7)。这是因为内陆干旱区雨水对河流的补给作用较弱所致。

第四章 冰川融水与全球水循环

表 4.7 中国西部山区外流河水系冰川融水径流及其对河流的补给比重
（据杨针娘）

外流河水系	冰川面积 (km²)	占外流河水系冰川面积 (%)	河　段	河川径流量 ($10^8 m^3$)	冰川融水径流量 ($10^8 m^3$)	冰川融水补给比重 (%)
长江	1895.00	7.89	西部山区	177.0	32.71	18.5
黄河	172.41	0.72	西部山区	209.0	2.86	1.3
额尔齐斯河	289.29	1.20	山区河段	100.0	3.62	3.6
澜沧江	316.32	1.32	青藏境内	109.0	7.16	6.6
怒江	1730.20	7.21	西藏境内	409.0	35.98	8.8
恒河	18161.96	75.62	西藏境内	3101.1	280.48	9.1
印度河	1451.26	6.04	西藏境内	17.2	7.70	44.8
总　计	24016.44	100.00	总　计	4122.3	370.51	9.0

冰川融水对河流的补给比重各地不一，总的分布趋势是由青藏高原外围向高原内部随气候干旱度的增强而递增。

就内陆河水系来说，甘肃河西、准噶尔盆地等地区冰川融水对河流的补给比重为 14% 左右，而塔里木盆地水系则上升为 38.5%。

又如河西走廊地区的东部石羊河水系的冰川融水对河流的补给比重仅为 4%，中部的黑河水系为 8%，而西部的疏勒河水系达 32%。

外流河水系同样存在冰川融水补给比重随干旱度增强而递增的分布趋势，由西藏东南部的澜沧江和恒河上游冰川融水补给比重不足 10%，到西部包括狮泉河、象泉河等在内的印度河上游增加到近 45%（表 4.7）。

冰雪资源对地表水资源的调节，不仅表现在这种"高山固体水库"对河川径流的年调节作用，而且还体现在对河川径流年内分配的影响。冰川径流的年内变化与冰川消融期的长短和冰川类型有关。

在大陆性气候条件下发育于高纬度和高海拔地带的大陆型冰川,冰川消融期一般为5~9月,海洋型冰川的消融期为3~11月,长达9个月。

由于冰川融水径流的季节变化非常明显,所以径流的年内分配极不均匀,尤其是大陆型冰川,其融水径流高度集中于6~8月,约占消融期径流量的85%~95%。海洋型冰川冰面的气温较高,消融期长,径流的年内分配不如大陆型冰川那样集中。

冰川融水对海洋的补给

大规模的冰融化会引起海平面上升,淹没沿岸大片的地区。当前全球约有一半人口居住在这些地区。在过去的一个世纪里,冰帽和山地冰川的融化,是导致全球海平面上升10~25cm的原因之一,其余的上升原因是由于全球增温引起的海洋热膨胀的结果。但冰融化导致海面上升的数值正在增加,如果较大的冰盖不断发生崩解将会使其加速。

南极冰盖占据全球淡水资源的70%,如果南极冰盖发生崩解,估计会引起全球海平面上升近65m,而如果南北极两大冰盖全部融化,其结果会使海面上升近70m。

全球变暖使得冰川融化,过去的100年间,海平面已经上升了25cm,而海面的上涨,将会淹没陆地。卫星图片和数据还显示,2002年夏季格陵兰岛冰雪流失严重,达到12年来的最高值68.6$\times 10^4 km^2$。

1979年,美国的卫星开始直接测量海上冰块面积,多年以来的观测结果显示,格陵兰岛的冰雪融化面积以16%的速度增加,海平面也在不断上升。格陵兰岛的温度每增加1F,海平面的上涨速度就会增加10%。当前,格陵兰岛屿周围的海水每10年就增加1.27cm。

图4.1所示为过去100年来全球平均海面的上涨曲线。

第四章 冰川融水与全球水循环 · 79

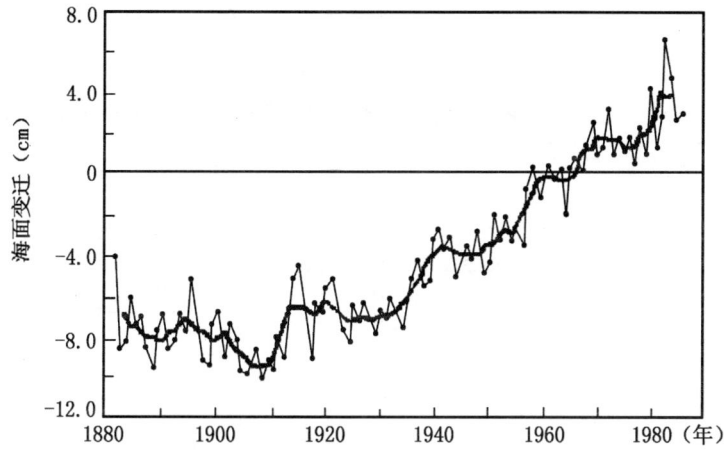

图 4.1 100 年来全球平均海面上涨曲线(据 IPCC 1990)
基线是 1951~1970 年的平均海面,在此用做比较基准;
虚线代表年平均,实线为 5 年滑动平均

融化的冰雪不仅会导致海平面上升,更会促使气候变暖。要知道,海洋冰面和冰川都是地球的"凉爽剂",它们能在春季反射 80% 的太阳光,在夏季(冰雪融化的季节)反射 40%~50% 的阳光。而在冬季,海洋的冰面在温暖的海水和寒冷的空气之间又充当了保护膜作用。也就是说,如果没有大量极地冰块来反射阳光,地球变暖更会加速。

另外,融化的冰雪和漂流物还会直接影响北大西洋的深海对流,从而改变世界海洋流活动和全球气候。

大陆上冰川的停积、消融,是引起第四纪海面升降运动更重要的原因。在第四纪大冰川时代,冰期时大陆上冰川面积增加,海面下降;间冰期气候较暖,冰川缩小和消融,海面上升。

由上述各种原因所生成的海面变化,称为水动型海面升降运动。地动型变化和水动型变化的区别,主要是前者往往具有区域性,而后者则往往具有全球性。

表 4.8 所示为各种资料给出的冰川对全球平均海面上升贡献的估算值。

表 4.8　各种资料给出的冰川对全球平均海面上升贡献的估算值

速　率（m/100a）	时　段
0.46±0.26	1900～1961 年
0.18	1965～1984 年
0.40	1900～1961 年
0.22±0.07	1865～1990 年
0.25±0.1	1961～1990 年
0.13	1945～1995 年
0.32±0.10	1961～1990 年
0.15	1860～1990 年
0.26	1960～1990 年

1842 年，马克拉雷首先认识到冰川进退影响海面高度问题。据他估计，更新世冰期中海面高度变化达 107～203m。由于第四纪冰期与间冰期的多次更替，曾引起全球陆地上冰川面积和体积的明显变化，并从而导致世界性的水动型海面变化。冰期到来时，大量的水以冰的形式被禁锢在陆地，引起海面下降。

据研究，更新世末全球最后一次冰期全盛时期，海面约比今日的海面低 130～150m，大陆架的大部分当时都成为陆地。随着冰后期的气候转暖，冰雪消融，海水得到补充，海面不断上升，最后趋于稳定。在全新世中期，曾出现过比现今的海面高 3～5m 的高海面期。

据世界各地验潮资料统计显示，全球平均海平面在过去 100 年内上升了 10～15cm，在过去 50 年内，全球平均海平面的上升速度为每年 2.3mm，估计到 2030 年，海平面将再上升 20～60cm，到 21 世纪末，可能上升 1m 以上。而水位只要上涨 0.91m，就会给河流三角洲地带的城市带来严重水灾。假设地球上总面积为 16.3×

$10^6 km^2$、占陆地总面积近 11% 左右的冰川,全部融化成水流进海洋的话,世界海平面将上升 50~60m,相当于 20 层楼那么高。

冰川在全球水循环中的作用与功能

陆地表面的基本水源来自大气降水。从海洋上蒸发的水汽,被气流输送到陆地上空,其中一部分从陆地上空流走,形成过境气流;另一部分在陆地上空冷凝,按固、液两种形态降水。大气降水落到地表,除一部分被蒸发和入渗地下外,其余在地表形成冰川、湖泊、沼泽和河流天然地表水体,此外还有极小一部分组成了生物水。

陆地表面水中的 89% 是以固态冰川的水体形式分布在南极大陆,其余六大洲地表水的总量,仅占全球地表水的 11%,而这 11% 中有 10.16% 还是冰川水体。因此除南极洲以外,陆地表面总水量中,冰川占 92.84%,湖泊占 6.65%,沼泽占 0.43%,而河槽蓄水仅占 0.08%。

我国地表水的组成也是如此。我国冰川的总面积约为 $5.87 \times 10^4 km^2$,冰川的总储量约为 $5.13 \times 10^{12} m^3$;湖泊的面积为 $7.18 \times 10^4 km^2$,湖泊的储水量为 $70.88 \times 10^{10} m^3$,其中淡水的储量为 $22.6 \times 10^{10} m^3$,占湖水总量的 31%;沼泽的面积为 $11 \times 10^3 km^2$,占全国总面积的 1.15%;河流槽蓄量虽小,径流总量却与欧洲相当,全国平均年径流总量约达 $2.71 \times 10^{12} m^3$。

地球上的水循环可以看作为一个动态有序大系统。不仅海水、大气水、地表水、地下水各亚系统,而且地表水亚系统内部的冰川、湖泊、沼泽、河流等子系统,都是开放系统。它们之间都存在着频繁而密切的物质(水、沙、化学元素)与能量(热能、动能)的交换,和水体相变转化的关系。

冰川、湖泊、沼泽、河流,在地表水亚系统的水循环过程中,各具有其特殊的功能。这又是由其本身的水循环的机制和特性所决定的。

冰川是固态降水积累演化而成的,从静态储水量看,是地表第一大水体。它的水循环的动力机制主要受热力作用控制,而地处高寒地带的冰川地区,热力变化微弱,因而冰川水体具有稳定少变的特征,其水循环的活力最弱,交替更新的周期山岳冰川为1600年,而极地冰盖可达9700年。稳定少变的巨量冰体,在地表水循环中发挥着保存和补给的功能,位于高山河源地区的冰川,在其自身的水循环过程中,通过相变转化,输出的液态水,给河流提供了稳定可靠的补给。

在太阳能的推动下及地心引力作用下,地球上的水在不断循环变化。通过形态的变化,水在地球上起到热量输送和调节气候的作用。海洋和陆地间的水分交换是自然界水循环的主要联系,洋面上的水汽随气流进入陆地凝结而成降水到达地面后,部分蒸发而返回大气,部分则形成地面径流和地下径流,通过江河网及海岸排回海洋。

这种不断往复的循环,使海洋中的水量在长时间内保持相对平衡。这部分逐年可以得到更替、在较长时间内又可以保持动态平衡的水量,就是当前通称的"水资源"。

在过去几个世纪里,人类已有能力干预水的循环,而且现在可以改变这一循环,在全球规模上影响环境。

全球的水处于不断的运动中,从冰川的难以察觉的蠕动到急速的倾盆大雨,水运动的形式与速度各不相同。海洋、湖泊等都是水的蓄积点,水在蓄积点之间流动,以降雨、蒸发和江河流水的形式运动着。全球水循环中蓄积点与流动的简化模式,表4.9归纳了其量值的大小。

由表4.9中数据可以看出,由大气凝降到陆地的水,其中三分之二经过蒸腾和蒸发作用又进入大气,余下三分之一是径流部分。经过计算,全球动态平衡的循环水量为 $496 \times 10^{12} m^3$,多年平均降水量为971mm,全球海洋上蒸发量为1172mm,降水量为1062mm,蒸发量超过降水量110mm。全球陆地多年平均降水量为750mm,蒸发量为480mm,蒸发量小于降水量,因此生成了270mm的径流,其中68%为地面径流。

表 4.9 全球水循环(km^3/a)

	最好的估计	已发表的估计数量范围
陆地蒸发	71000	63000~73000
陆地降雨	111000	99000~119000
海洋蒸发	425000	383000~505000
海洋降雨	385000	320000~458000
从陆地进入海洋的水流	39700	33500~47000
河流	27000	27000~45000
直接地下水径流	12000	0~12000
冰川径流(水和冰)	2500	1700~4500
净含水量转换	39700	

冰川水资源对气候变化的响应

随着气温升高,雪线上升,冰川表面消融加剧,融水量增加,与此同时,冰川末端因消融量超过冰川运动来的冰量,而出现后退,在气候大幅度变暖初期,冰川面上增加的消融量远远超过冰川末端后退而减少的消融量,因此冰川融水量增加,但随着时间演替,冰川变薄后退加速,到达某种程度,即临界年(年代)冰川面积缩减损失的消融量超过气温升高所增加的面上消融量时,冰川融水径流量随着下降,迅速降至升温前的融水径流初始值,最后将因冰川的消亡,而冰川融水径流停止。

冰川变化是积累与消融平衡结果,冰川上游降雪积累得到的冰量通过冰川运动输送到消融区以至冰川末端,因此冰川的变薄后退是消融量超过冰川运动来冰量的结果。降水或积累增加,可增强动力作用,而消融增加则可减弱动力作用。

根据中国冰川目录,西北干旱区各水系共有现代冰川22240条,面积27974km²,冰储量2814.81km³。随着气候变暖,冰川扩大消融,处于变薄后退过程中,估算1960～1995年间西北冰川已减少1400km²左右,其中河西内陆河流域可能缩小5.8%、塔里木河流域缩小4%、准葛尔内陆河流域缩小6.2%。

根据5条冰川(西台兰冰川、乌鲁木齐河1号冰川、老虎沟12号冰川、七一冰川、水管河4号冰川)的物质平衡对气候的响应分析,当年降水量不变而夏季平均气温升高1℃,西北冰川面积可能缩小量达40%。这缩小的冰川面积储量即用来增加河流径流量。但实际冰川融水量并不与冰川面积成正比,当气温大幅度变暖初期,冰川面上增加的消融量远超过冰川末端后退而减少的消融量。只有当冰川厚度严重变薄,末端迅速后退减少的消融量超过面上增加消融量时,冰川融水径流量将迅速下降。现在气温正值大幅度升温的初期,融水量以增加为主。

以天山乌鲁木齐河一号冰川为例,该冰川自小冰期结束以来,一直处于缓慢退缩状态,1962年实测冰川面积1.95km²,经过30年后,至1992年实测冰川面积减少了0.12km²,此期间冰川末端退缩140m,平均4.5m/a。

应用数字高程模型(DEM)可视化计算方法计算的1964～1986年间,一号冰川冰面高度降低了10.8m,体积减少2053×10⁴m³,即年平均亏损93×10⁴m³。

据海拔3650m处的大西沟气象站资料,20世纪80～90年代升温迅速,可能达1℃左右,1986～2001年均降水量488mm,较1958～1985年平均值426mm高出12.7%。一号冰川上应用插花杆测量的物质平衡,1959～1985年间平均为-94.5mm/a,而1986～2000年增至-358.4mm/a,即较前阶段多了2.8倍,如图4.2所示。

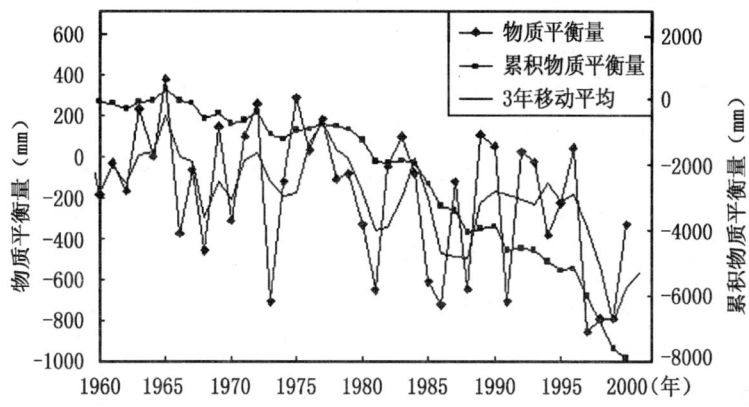

图 4.2　1959 年以来的年物质平衡量及累积物质平衡量（李忠勤等）

相应冰川融水径流深也有大幅度增加，1958～1985 年一号冰川平均融水径流深为 508.4mm/a，而 1985～2001 年按同样方法计算为 936.6mm/a，如图 4.3 所示。

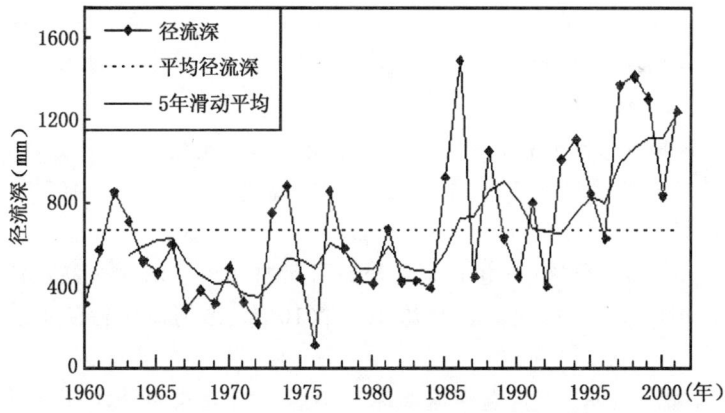

图 4.3　乌鲁木齐河源一号冰川融水径流变化曲线（李忠勤等）

由此可知，20 世纪 80 年代以来的快速升温，促使冰川消融猛烈扩大。

新疆天山南坡台兰河流域面积 1324km², 冰川面积 431km², 对河流域冰川物质平衡变化及其对径流的影响进行的研究结果表明, 1957～2000 年流域平均冰川物质平衡为 -287mm/a, 累计冰川物质平衡水当量为 -12.6m。

1982 年以后, 台兰河流域冰川物质平衡一直呈负平衡, 1957～1981 年平均物质平衡为 -168mm/a, 1981～2000 年下降为平均 -445mm/a。

如果以气候转型的 1986 年为界, 1957～1986 年平均台兰河流域冰川积累 1314mm/a, 消融量 1527mm/a, 冰川物质平衡为 -213mm/a, 而 1987～2000 年冰川积累为 1361mm/a, 消融量 1808mm/a, 冰川物质平衡为 -447mm/a, 即积累量平均增加 47mm/a, 冰川消融增加 281mm/a, 冰川物质平衡前后相差 234mm/a。

台兰河流域冰川融水占台兰站控制流量比率达 65.3%, 冰川融水的变化对流域的水资源量影响是非常明显的。台兰河流域 1957～2000 年的平均年径流量为 $7.512 \times 10^8 m^3$, 年径流量在 1982 年后急剧增加, 1999 年的径流量比 1981 年增加了 $3.506 \times 10^8 m^3$, 即增加了 58%。

根据敏感性分析, 台兰河流域冰川物质平衡变化 100mm, 可引起流域平均径流深变化 30mm 或径流量变化 $0.23 \times 10^8 m^3$。44 年累计冰川物质平衡 -12.6m, 相当于额外补给河流径流量 $54.5 \times 10^8 m^3$; 44 年来由于气温升高引起的冰川净消融 -287.15 m/a, 相当于每年额外补给河流 $1.24 \times 10^8 m^3$, 占河流年径流量的 15%。

1957～1986 年台兰河流域冰川消融对河流的额外净补给量占河流总径流量的 13%, 而 1987～2000 年冰川消融对河流的额外净补给量占河流总径流量达 23%。

根据分析, 气温变化 1℃, 冰川物质平衡变化约 300mm, 河流径流变化在台兰河可达 16%。

这意味着,随着新疆气候由暖干向暖湿转型,虽然降水量增加,但冰川对气温的敏感性更大,冰川消融量还是加快,冰川融水量持续增加。

施雅风根据有不确定性的综合预测,到 2050 年左右青藏高原温度可比 20 世纪末升高 2.5℃左右,其导致冰川强烈消融的夏季升温为 1.4℃,将使平衡线上升 100m 以上,冰舌区消融冰量超过积累区冰运动来的冰量,冰川出现变薄后退,初期以变薄为主融水量增加,后期冰川面积大幅度减少,融水量衰退,至冰川消亡而停止。

考虑冰川大小,冰川类型响应气候变暖的敏感性有重大差别,应用新编中国冰川目录的统计数据,选择若干区域,预估 2050 年前冰川萎缩对水资源影响情景。祁连山北麓河西地区,天山北麓准噶尔盆地南缘,天山南麓哈密-吐鲁盆地的多数出山河流的冰川,以面积小于 $2km^2$ 者占绝对优势,对气候变暖最为敏感,衰退迅速,本世纪初期出现融水量高峰,中期融水量减少,对每条河流的影响以 $10^6 \sim 10^7 m^3/a$ 计。

少数流域如疏勒河、玛纳斯河等,冰川融水量占河川径流 1/3 以上。有若干 $5 \sim 30km^2$ 左右的中等规模冰川存在。

预期至本世纪中期才出现融水高峰,融水增加值以 $10^8 m^3/a$。塔里木盆地周围高山冰川总面积达 $22009km^2$,有面积超过 $100km^2$、冰舌为厚表覆盖的大冰川 22 条,退缩缓慢,冰川融水量在叶尔羌河、玉龙喀什河与阿克苏河等占 50%~80%。现在塔里木河干流主要靠天山西南部大冰川融水补给。

预期 2050 年前冰川融水一直处于增长状态,增长量较世纪初可达 25%~50%。较重要的 7 条河流年增长可达 $10^8 m^3/a$ 量级。

柴达木盆地和青藏高原内陆流域,以冰温低、退缩缓慢的极大陆型冰川为主,21 纪上半期升温与融水增加有利于畜牧业和经济发展。

青藏高原东南部和横断山系的海洋型冰川区,降水量大,冰温高、升温与冰川加剧融化,冰川快速后退,预期在21世纪50年代升温超过2.5℃,融水增长率在30%以上。

对于有融水补给的内陆河来说,随着气候变暖,雪线升高,冰川变薄退缩,融水径流变化具有先增后减趋势,影响径流变化。

第五章
冰川在全球变化中的功能与作用

全球冰雪分布的特点

据《World Glacier Inventory》和《中国冰川目录》的最新统计,全球的冰川面积约为 $1.59 \times 10^7 km^2$,极不均衡地分布在各大洲,如表 5.1 所示。其中,96.6%是在南极洲和格陵兰,其次为北美洲(1.7%)和亚洲(1.2%),其它各洲数量极少。用冰川覆盖度(%)进行对比,则冰川分布的不均衡性更为突出。南极洲为 97.1,格陵兰为 79.3,北美洲为 1.3,欧洲为 0.5,亚洲为 0.4,南美洲为 0.1,大洋洲为 0.01,非洲为 0.0。

亚洲高地,是由亚洲中部($27°\sim50°N$,$65°\sim105°E$)的青藏高原、帕米尔高原及它们周围的高山组成的世界最高海拔区,海拔 $4000\sim5000m$ 以上,其珠穆朗玛峰更高达 8848m,是世界最高峰,为自然地理分区的中亚大区的主体。亚洲高地地跨温带荒漠及亚热带森林带,主体部分干旱少雨,但受高海拔影响,在内陆荒漠景观的背景下出现了斑块状相对冷湿的高山气候,冰川零平衡线附近年温-2~-18℃,年降水量 500~3000mm。于是在高原和高山上发育了大规模的冰川,占全球山岳冰川面积的 43%。

表 5.1　世界冰川分布(引自王宗太)

地　　区	面　积 (km²)	%
北美洲(格陵兰除外)	276100	
加拿大(包括北极区诸岛)	200806	1.7
美国(包括阿拉斯加)	75283	
其它	11	
亚洲(包括北极区诸岛)	189201	
中国	59406	
俄罗斯	58711	1.2
巴基斯坦、印度	40000	
其它	31084	
欧洲(包括北极区诸岛)	53967	
挪威	39360	
冰岛	11260	0.3
其它	3343	
南美洲	25908	
巴塔哥尼亚高原	18500	0.2
其它	7408	
大洋洲	860	
非洲	10	
南极洲(包括南极区诸岛)	13593310	85.7
格陵兰	1726400	10.9
总　　计	15865756	100.0

北美寒区位于北美洲西北部的 55°~70°N 和 60°~175°W 之间,与亚洲高地相比,北美寒区不具备发育大规模山岳冰川的海拔优势。海拔高度 1800~3000m,最高的麦金利峰也仅 6193m,是世界上 6000m 以上高峰中的最低者。但其纬度高,地跨亚寒带和苔

第五章 冰川在全球变化中的功能与作用

原带,属亚寒带大陆性及极地常寒气候,严寒而夏短,年均温－3.2～－12.4℃,年降水量300～500mm,而紧靠太平洋的西部海岸,受阿拉斯加暖流影响,年降水量2300～3000mm,个别山地甚至高达10000mm左右。借助高纬的严寒与海岸暖流的丰沛降水,北美寒区也发育了大规模的山岳冰川,占全球山岳冰川面积的41%。

赤道带、热带和温带,大体位于60°N～60°S之间,又称中低纬带,年积温1600～9000℃,而1600℃积温已能满足一般生物的基本需求,故这一带的生命活动极其旺盛。全世界211个首都或首府中的210个是在中低纬带内,使其成为政治、经济、文化极活跃的地带,更是淡水需求量最大的地带。无独有偶,这个最需淡水的地带又正是最缺淡水的地带,全世界的干旱荒漠面积 $31.4 \times 10^6 km^2$,全分布在这里,因而也是冰川水资源意义最大的地带。

中低纬带的冰川属于山岳冰川,总面积200791km²,占全球同类冰川的66.6%。这些冰川可定时转化为淡水而直接用于人类经济活动,意义匪浅,其冰川分布列入表5.2。

表5.2 中低纬度带冰川分布(据王宗太)

地 区	面积(km²)	%
亚洲	132676	66
亚洲高地	130006	65
中国	59406	30
印度－巴基斯坦	40000	20
中亚诸国	19100	9
尼泊尔－不丹－锡金	7500	4
阿富汗	4000	2
其它	2670	1
北美洲	38416	19
南美洲	26908	13
欧洲	2921	
大洋洲	860	2
非洲	10	
总 计	200791	100

统计表明,中低纬带冰川 66% 分布在亚洲,而绝大部份(65%)集中在亚洲高地。尤为注目的是 30% 汇聚于中国,成为中低纬度带冰川分布的显著特征。

山岳冰川的规模越大,其淡水资源的意义和稳定生态环境的作用就愈大。全球山岳冰川中大于 100km^2 的大冰川,已统计到 208 条,其中中低纬带 84 条,而 69 条在亚洲高地,中国则有 33 条。可以看出,中国是世界上中低纬带冰川数量最多、规模最大的国家。统计显示(表 5.3),亚洲的荒漠只有世界的 44.3%,其冰川面积却占世界荒漠区的 95%,这又是世界冰川分布的另一特点。其中,中国的荒漠面积只占世界的 7%,但冰川面积却占全球荒漠区的 57%,中国又是世界荒漠区冰川数量最多的国家。

表 5.3　世界的荒漠和荒漠区的冰川(据王宗太)

地　区	荒漠($\times 10^4 km^2$)	%	冰川(km^2)	%
亚洲	1391	44.3	59011	95
中国	221	7.0	35390	57
南美洲	180	5.7	3165	5
非洲	1000	31.8		
澳大利亚	340	10.8		
北美洲	190	6.1		
欧洲	39	1.3		
合　计	3140	100.0	62176	100

雪冰——气候变化的敏感区

冰冻圈对气候变化特别敏感。地球气候环境的显著变化首先表现为陆地冰量的巨大波动,所以过去的气候变化通常用冰期和间冰期来表述。

关于全球变暖的速度和幅度问题,正是山地冰川的普遍退缩

第五章 冰川在全球变化中的功能与作用

和冻土地温变化的观测提供了比其它监测结果更为可靠的依据。国际上已经将冰冻圈的一些组分,如小冰川的物质平衡和进退变化,湖冰的冻结和融化日期,季节海冰的范围和存在时间,季节雪盖的范围和存在时间,多年冻土活动层的厚度,多年冻土的温度剖面等,列入了全球变化的监测计划之中。监测冰冻圈变化已成为探测全球气候变化的最有力手段之一。

在气候系统的各圈层中,反射率冰雪圈的反射率最大,在全球地球系统的能量平衡中具有重要的地位和作用。表 5.4 所示为气候系统各圈层反射率对比的情况。

表 5.4 气候系统各圈层反射率对比

气候系统圈层	反射率	圈层的主要作用气候
大气圈(Atmosphere)	云的反射 50%～55% 晴朗的天空约 5%	通过能量和化学交换(蒸发和降水,风压,痕量气体交换),大气圈与其它圈层耦合
水圈(Hydrosphere) 大部分为海洋(占世界水的 97.3%)	海洋表面 8%	通过能量交换(蒸发和降水)物质交换(CO_2),热循环等,与其它圈层相互作用
冰冻圈(Cryosphere) 包括大陆冰盖,山地冰川,冰架,海冰,积雪,多年冻土,目前全球有约 6% 地表长期被冰覆盖	旧雪约 50% 新雪 80%～90%	对气候系统的最重要作用是其高反射性
岩石圈(Geosphere)	深色土约 10% 浅色土约 30% 沥青地面 5%～10% 混凝土地面约 20%	对气候的主要影响是大陆度,地形(大气环流),古地理(海洋环流,与太阳辐射有关的陆/海分布),风化及海底扩张(CO_2)
生物圈(Biosphere) 这里还包括人类或人类圈的影响	森林 5%～10% 草地或农田 5%～25% 雨林反射率的全球最低	对气候的主要贡献是影响蒸腾速率,大气成分,地表反射率

雪冰地区也是气候系统中最为活跃的部分之一,冰雪的面积和反射率变化强烈的影响和反馈着气候系统的变化,成为全球气候系统最为敏感的地区。

地-气系统的长波射出辐射以热带干旱地区为最大,夏季尤为显著。如北非撒哈拉和阿拉伯等地夏季长波射出辐射达 $300W/m^2$ 以上。

极地冰雪表面值最低,冬季北极最低值在 $175W/m^2$ 以下,南极最低值在 $125W/m^2$ 左右。在地-气系统净辐射的分布中,除两极地区全年为负值,赤道附近地带全年为正值外,其余大部分地区是冬季为负值,夏季为正值,季节变化十分明显。

南极终年被冰雪覆盖,冰雪具有反射阳光的强烈作用,据观测,在漫长的极昼中,南极大陆上空辐射总量接近赤道,但有75%～90%的辐射被反射,冰原大陆的辐射平衡值是负的,辐射平衡0°等值线和暖季海冰边缘的位置是一致的。由于冰雪反射,损失热量近 $20\sim25cal^{①}/(cm^2 \cdot a)$。

就全球地-气系统全年各纬圈吸收的太阳辐射和向外射出的长波辐射的年平均值而言,对太阳辐射的吸收值,低纬度明显多于高纬度。这一方面是因为天文辐射的日辐射量本身有很大的差别,另一方面是高纬度冰雪面积广,反射率特别大,所以由热带到极地间太阳辐射的吸收值随纬度的增高而递减的梯度甚大。在赤道附近稍偏北处因云量多,减少其对太阳辐射的吸收率。

地球上覆盖的冰其作用就如一个保护镜,它可以把来自太阳的热能很大部分反射到太空,从而使我们的星球保持冷却状态。最为急剧变化的报告一些是来自于极地地区,总体上讲,这些地区比全球平均增温的速率更快,最近几十年来这些地区已有大量的冰融化消失。北极海冰区,据估计在1978～1996年间面积缩小了6%,每年平均消失的海冰面积达 $3.43\times10^4 km^2$。

---

① 1cal=4.1868J,下同。

第五章 冰川在全球变化中的功能与作用

来自世界各地的最新资料表明,全球冰正在以有记录保存以来的最大速率在世界越来越多的地区融化着,到20世纪90年代全球冰呈现出加速融化的趋势,这一时段也正好是有记录以来全球最为温暖的10年。

在过去的一个世纪中,由于人类活动产生的CO_2及其温室气体的大量排放引发的全球增温效应,其最先看到的环境变化迹象就是冰覆盖融化的增强。冰川与其它各类冰体对温度变化的响应最为敏感。

雪冰变化
——气候变化的驱动器和放大器

冰冻圈的不稳定性是导致气候高度变化性的主要扰动因子。除了地球轨道因子的准周期性变化外,正是气候系统内部的非线性震荡过程(主要是冰冻圈-海洋-大气内部动力过程)的相互耦合与反馈循环在驱动着气候的变化与发展。目前已经掌握的一些事实,有力地证明了这一点:

(1)北冰洋边缘海域海冰的变化对海水盐度层结发生着深刻的影响。20世纪60年代后期出现的北大西洋"盐度异常",以及北半球高纬度气候的突然转冷都是北冰海冰10年际波动的结果。同时也证明,海洋环流模型模式(OGCM)必须与海冰模式相耦合才能模拟大尺度海洋动力过程。

(2)温室效应导致全球气候变化的一个突出特点是两极对增温的显著放大作用,这是冰雪反射率-气温正反馈作用所引起的。近年来的观测和模拟结果表明,寒冷地区气温-降雪量正反馈作用也不容忽视。所以,需要查明大陆冰盖与气候相互作用的复杂关系,改进大气环流模式中冰冻圈的参数化处理,才能提高气候预测的能力。

人类面临全球气候变暖及其对积雪产生巨大影响的科学预

言,使全球积雪监测成为全球环境变化研究中的热点和前沿。在受气候变化影响的诸环境系统中冰冻圈对气候变化的敏感性最强。积雪是冰冻圈中最为活跃的组成部份,它对大气和海洋的变化反应极为迅速和灵敏,气候变化引起的冰冻圈的变化总是首先表现为大陆积雪数量,面积和持续时间的变化,进而导致水资源数量和河川径流量及其季节分配的变化。积雪波动引起的辐射气候效应对大气的反馈作用还能显著地放大全球气候的变化。

对高亚洲冰冻圈的基础特征以及冰冻圈中近几十年来气候变化状况进行分析,结果表明:近40年来,最冷的是20世纪60年代,最暖的是80年代以来。高原上增温从70年代就已开始,温度上升幅度达0.5℃左右,高原地区对全球响应比全国平均状况显著,变幅大。证明高亚洲确实是全球气候变化的敏感区,同时也对全球变化产生重大的反馈作用,对全球变化起着"扩大器"或"启博器"的作用。

根据北美落基山 UFG 冰芯研究结果,自小冰期以来气温上升了近5℃,其中1960年代中期至1990年代的早期升温达3.5℃,这对高海拔地区气温变化幅度较大的结论增加了新证据。

表5.5列出了在100年时间尺度上不同地区距今8200年时的降温幅度状况。

表5.5 不同地区"8.2ka BP[①] 事件"世纪尺度上的降温幅度对比
（据王宁练等）

地　　区	降温幅度
格陵兰中部	~2.8℃(最低时为6±2℃)
北海	>2.0℃
北大西洋东部	~2.0℃
德国南部	~1.7℃
青藏高原西北部	3.7~4.3℃

[①] ka BP 表示距今千年;Ma BP 表示距今百万年,下同。

第五章　冰川在全球变化中的功能与作用

由表 5.5 可以看出,发生在大约距今 8200 年时的降温事件在古里雅冰芯记录中表现得十分显著,温度变化幅度最大,这对于青藏高原是气候变化的敏感区又增加了一个新的证据。

造成青藏高原地区对于气候变化敏感的关键原因,很可能与该地区的积雪变化对于气候的反馈作用有关。当气候变冷时,青藏高原地区积雪面积会增大、年内持续时间会延长,致使下垫面的反射率大大增加,气候迅速变冷;而当气候变暖时,高原积雪面积会减少、年内持续时间会缩短,从而导致下垫面反射率的减小,这将有利于气温的回升。

SPECMAP 曲线和深海沉积物记录均表明在 128ka BP 左右开始进入末次间冰期,而 Vostok 冰芯显示南极早在 140ka BP 就进入阶段 MIS5e(海洋同位素阶段 5e),即末次间冰期,而且从倒数第二次冰期晚期转换到末次间冰期是相对比较稳定的气温回升过程,持续时间大约 10ka,气温上升 10℃左右[南极冰芯中 $\delta^{18}O$(氧同位数值)变化 0.65‰相当于 1℃的气温变化]。

格陵兰 GRIP 冰芯记录的末次间冰期开始时间为 133ka BP,冰芯记录显示进入末次间冰期的过程中格陵兰发生了一系列持续上千年时间、快速冷暖波动的气候突变事件,气温上升 15℃左右($\delta^{18}O$ 变化 $-42‰\sim-32‰$,格陵兰 GISP2 冰芯与 GRIP 冰芯记录相似)。

古里雅冰芯记录显示在 125ka BP 青藏高原开始进入末次间冰期,气温波动剧烈。冰芯记录表明了南极进入末次间冰期的气候相对稳定,而北半球极地和中低纬度进入末次间冰期的气候变化剧烈。

上述海洋和冰芯纪录表明,全球冰雪地区对全球变化的响应要早于其他非冰冻圈地区,由于冰雪对气候的敏感性和反馈作用,雪冰变化成为全球气候变化的驱动器和放大器,这也体现了全球气候变化对陆地、海洋气候条件差异的反馈效应与区域性的作用。

全球变化的雪冰信息记录

冰冻圈是古气候、古环境变化的重要信息库。冰芯因其分辨率高、信息量大、保真性强、时间序列长和洁净度高而成为重建古气候、古环境的最好媒体。

冰芯研究已经为全球变化研究作出了重大贡献,对新仙女木事件的研究、小冰期的研究、各种突发事件的研究和温室效应气体的研究,都是通过冰芯记录中的权威资料使得人们的认识进一步深化。

近年来,格陵兰冰盖的两支新冰芯分析表明,25万年来气候一直很不稳定,惟有大暖期例外。在末次冰期里,无规律地多次出现相对温暖的间冰段;而在末次间冰期盛期,三个暖期都突然为气候转冷所打断。末次间冰期盛期气候高度变化性的新发现改变了人类对气候变化性质的认识。

王宁练等人在最近通过大量的文献查阅,系统的评述了冰川在全球变化中的贡献,可以看出,冰川中的全球变化纪录是非常丰富的。这里我们主要参阅他们的成果来论述全球变化在冰川中的纪录和贡献。

米兰可维奇循环

目前,四个完整的冰期-间冰期气候循环已通过南极 Vostok 冰芯得到了重建,发现该地区冰期-间冰期的气温变化幅度达 12℃左右,并表现出明显的地球轨道效应,即具有明显的 100ka、40ka 和 23~19ka 的周期。

同时发现,大气中的温室气体(CH_4、CO_2)含量变化以及大气气溶胶含量变化等都存在地球轨道参数变化的周期。

对于格陵兰冰芯的研究也发现了气温、大气化学、大气环流以及陆地生物的 N 排放等的变化,亦存在轨道效应。末次间冰期以来青藏高原古里雅冰芯中的 $\delta^{18}O$ 记录,也表现出 20ka 和 40ka 左右的明显周期。

天文气候学研究表明,地球中低纬度气候变化主要受岁差效应的影响,而地轴倾斜效应对于气候变化的影响主要表现在极区。格陵兰冰芯记录中强烈的岁差周期,很可能说明北半球高纬度大气环流与季风环流之间存在强烈的耦合效应。

急剧的气候变化

格陵兰顶部所获得的 GRIP 和 GISP2 两个深孔冰芯,其记录均表明在末次冰期内存在多次持续几百至几千年的相对温暖期,并可识别出 24 个变幅达 15℃ 的相对温暖期。冰期内这些持续约几千年的相对温暖阶段的建立,在短短的几十年内就可完成。冰芯电导率(ECM)反映出在这些相对温暖阶段内,气候也是不稳定的。

例如在 Allerod 和 Bolling 温暖期内存在 10^2 年尺度的冷事件。南极 Vostok 冰芯中过量氘(d)变化所揭示的其水汽源区洋面温度的变化与格陵兰冰芯记录的末次冰期气候变化存在一致性。

新仙女木事件是末次冰退期气候的快速转冷事件。格陵兰冰芯记录表明,这一时期的温度低于现今约 15℃ 左右,并伴随 50% 的净积累量减少,以及尘埃、海盐离子含量的增加和 CH_4、N_2O 含量的减少。分辨率为年的格陵兰冰芯记录还表明,新仙女木事件的持续时间大约为 1.3ka(日历年 12.7~11.55ka BP),其建立和结束是极为迅速的,仅在 5~20 年的时间内就完成了。

青藏高原古里雅冰芯记录揭示出,在新仙女木事件事件时期内气候也存在着急剧的变化,这一点在高分辨率的格陵兰冰芯记录和欧洲湖泊沉积记录中也有明显的表现。

温室气体含量的变化

南极 Vostok 冰芯记录表明,大气中温室气体含量在冰期和间冰期存在巨大的差异,CO_2 和 CH_4 含量分别可从冰期时的约 180ppmv[①]和 320~350ppbv 增加到间冰期时的 208~300ppmv 和 650~770ppbv。过去 420000 年以来大气中 CO_2 和 CH_4 含量的变化与气温的变化存在显著的正相关关系。北极和青藏高原冰芯记录也表明温室气体含量与气温之间的正相关。

对比近几个世纪南极、北极和青藏高原冰芯中记录的大气 CH_4 含量,尽管其变化趋势一致,然而青藏高原冰芯中记录的 CH_4 含量最高,格陵兰次之,南极最低,这一现象很可能表明中低纬度的湿地是大气中 CH_4 的主要源区之一。

南北半球气候变化的差异

自从 20 世纪 70 年代深海记录研究发现南半球气候变化超前北半球气候变化约几千年的时间以来,南北半球之间气候变化的差异问题一直是古气候研究的焦点问题之一。

高分辨率和准确定年(依据 CH_4 和 $\delta^{18}O_{atm}$ 对比的方法)的两极冰芯记录对比研究揭示出,在末次冰消期南极气温的回升比格陵兰早约 3000 年,在末次冰期内南极气候的波动平均早于格陵兰约 1000~3000 年。南北极之间气候变化的位相差异可能与大洋环流有关的北大西洋深水产生速率的变化有关。

最近的研究还发现,在 1000 年尺度上南北极气候变化之间存在"跷跷板"效应。南北极气候变化的这种"跷跷板"效应,不仅是检验气候模型模拟结果正确与否的标准之一,同时也将促使人们必须充分认识中低纬度水分循环过程及气候变化在全球变化中的作用。

另外,南北半球气候变化的过程亦存在差异。南极冰芯记录表明该地区气温变化呈现出升温和降温过程均比较和缓,而格陵兰冰芯记录却显示出该地区升温突然、降温缓慢的特征,青藏高原冰

---

① ppmv 表示体积分数为 10^{-6};ppbv 表示体积分数为 10^{-9},下同。

芯记录又指示出该地区气温变化具有升温过程缓慢而降温突然的特征。

高纬度与高海拔的气温变化幅度

末次冰盛期时,全球平均气温降低约5℃左右。格陵兰冰芯记录表明,该地区末次冰盛期气温与全新世相比降低达10~15℃,南极Vostok冰芯记录揭示出末次冰盛期气温较全新世低8℃左右。

海拔6048m的南美热带Huascaran冰芯记录表明,末次冰盛期时的降温幅度达8~12℃,青藏高原古里雅冰芯(海拔6200m)记录也显示出末次冰盛期的降温在8℃左右。

这些记录都表明中低纬度的高海拔地区和极地地区一样,可能都是气候变化的敏感地区。

大气尘埃含量变化

冰芯中的尘埃物质(大气尘埃载荷的度量)来源于地表、火山和宇宙尘埃等,其中陆地表面是其主要来源。将全球不同地区冰芯中尘埃含量进行对比,发现北半球冰芯中的尘埃含量要高于南半球,山地冰芯中的尘埃含量要高于极区。

例如,格陵兰Camp Century冰芯中的微粒含量是南极Byrd冰芯中微粒含量的7.8倍,青藏高原古里雅冰芯中的微粒含量(10^6~10^7个/ml)高出格陵兰Camp Century冰芯中的微粒含量(10^4~10^5个/ml)约2个数量级,南美Huascaran冰芯冰期和间冰期时的微粒含量(分别为32.2mg/kg和0.16mg/kg)也明显高于同期南极Vostok冰芯中的微粒含量(分别为1~2mg/kg和0.05mg/kg)。

冰芯微粒含量的这种空间分布特征与北半球陆地面积宽广、尘埃物源丰富以及山地冰芯更接近尘埃物源区有着直接的联系。

冰芯记录揭示出冰期与间冰期大气中尘埃含量存在巨大的差

异。格陵兰冰芯中末次冰期时的尘埃含量是全新世的十几倍,在个别冰芯中甚至达到40倍。南极不同地区的冰芯记录也显示出,冰期时的尘埃含量是间冰期时的几倍到40倍。

青藏高原敦德冰芯记录表明,末次冰期时的尘埃含量大约是全新世的3倍;南美热带赤道地区Huascaran冰芯记录的末次冰期与全新世的尘埃含量相差更为悬殊,末次冰期时尘埃的平均含量约为全新世的200倍。

冰期时较高的尘埃含量表明,这一时期尘埃源区范围扩大(包括大陆架出露)、干燥度增加、风力加大以及大气的经向输送加强等。尽管不同地区冰芯中尘埃含量在冰期与间冰期之间的比值变化差异较大,然而不论是在两极地区还是在青藏高原,冰芯记录均表明一个共同的特征,即暖期时大气尘埃含量低,冷期时大气尘埃含量高。

研究发现青藏高原与格陵兰冰芯尘埃记录存在遥相关关系,这表明两地冰芯中尘埃物质可能具有一个共同的源区——中亚干寒区,并且西风环流是它们联系的纽带。这一推论得到了格陵兰冰芯尘埃的矿物构成及同位素示踪研究结果的支持。

太阳活动

大气中宇宙成因同位素(如^{14}C、^{10}Be、^{36}Cl等)产生速率的变化可以揭示太阳活动的信息。南极Vostok冰芯研究发现,在冰期-间冰期时间尺度上该冰芯中^{10}Be浓度的变化主要是由降水变化引起的,然而该冰芯记录到的大约出现在35ka BP和60ka BP时的2个^{10}Be浓度峰值事件,却无法用降水变化解释。其中发生在35ka BP时的^{10}Be浓度峰值事件,已得到了全球不同地域冰芯记录和海洋记录的支持。进一步的分析表明,弱的太阳活动和弱的地磁场是该事件发生的主要原因。

研究表明,全新世时期冰芯中的^{10}Be浓度记录受降水变化的影响较小,可以很好的揭示太阳活动状况,并发现大约在 5600 BC[①]、5100 BC、4200 BC、3500 BC、2800 BC、1900 BC、700 BC、300 BC、800 AD、1100 AD 和 1700 AD 时期太阳活动相对较弱。由于 ^{10}Be 在大气中的滞留时间很短,仅为 1~2 年,因此冰芯中 ^{10}Be 记录也可以揭示较短时间尺度上的太阳活动信息,如太阳活动的 11 年周期。

地磁场强度变化

地磁场的产生与地球存在转动的热核有关,然而由于其强度变化会受到太阳活动的影响,加之发生在地球大气中的许多过程与现象与地磁变化有关,因此研究地磁场强度的变化不仅是地球物理学的重要研究内容,也是日地关系研究的一个重要纽带。

长期连续的古地磁场强度变化主要依据海洋等沉积记录来恢复,最近利用大气中宇宙成因同位素产生速率的物理模型以及格陵兰冰芯中 ^{10}Be 和 ^{36}Cl 的沉积通量记录,首次通过冰芯恢复了 20~60ka BP 时期的古地磁强度变化,发现其变化与海洋沉积物记录的古地磁强度变化具有很好的一直性,这证明了利用冰芯记录恢复古地磁变化的有效性。

火山活动

冰芯中可以揭示火山喷发信息的指标包括 ECM、SO_4^{2-} 浓度、H^+ 浓度和火山灰。一般来说,低纬度火山喷发的影响范围可以波及到全球,而中高纬度火山喷发的影响范围仅限于半球尺度。但如果中高纬度的火山喷发极为强烈,其喷发物质可以通过平流层影响到全球范围。

例如,大约公元 117 年时新西兰 Taupo 火山喷发的烟柱估计高达 55km,在格陵兰冰芯中清楚地记录到这次喷发的信号。冰芯

---

① BC 表示公元前;AD 表示公元,下同。

记录的火山活动，不仅真实、可靠，而且全面，如近 2000 年来格陵兰冰芯记录的 69 次过量 SO_4^{2-} 浓度事件中，85% 与文献记录的火山喷发相吻合，其余 15% 为文献未记载的火山活动。

过去 110ka BP 来格陵兰高分辨率冰芯记录研究表明，火山喷发主要集中在三个时期，即 6～17ka BP（尤其是 7～13ka BP）、27～36kaBP 和 79～85ka BP，其中第一个时期火山活动较强，并与北半球冰盖消退、海平面上升期相一致，而后两个时期火山活动相对较弱，与冰盖增长、海平面下降期相对应。这一发现极大地支持了陆地冰量变化及洋盆水量变化会导致火山活动增强的理论。南极冰芯也发现晚冰期时，火山玻璃沉积的明显增加。

全新世火山活动主要发生在其早期阶段，如格陵兰冰芯表明对于过量 SO_4^{2-} 浓度超过 100ng/g 的火山喷发事件，在 7～9ka BP 时期有 18 次，而在 0～2ka BP 仅有 5 次。

近 2000 年来地球火山活动有增强趋势，其中最大的一次火山喷发发生在 1259 年，这次喷发事件在两极冰芯中都具有明显的记录。同时，格陵兰冰芯记录表明，1580～1640 年和 1780～1830 年是近 2000 年来火山活动的两个主要多发期，并导致了气候的显著变冷。

生物地球化学循环

在地球历史的大部分时间里，燃烧过程（闪电、干旱所引起的植物起火燃烧）对于地球生物化学循环具有重要作用。直到目前，人们才认识到呼吸、光化学和燃烧等自然过程控制着大气中许多痕量气体含量的变化。

对于格陵兰 GISP2 冰芯近 6000 年来的记录研究表明，5ka BP 之前、0.75～0.35ka BP 以及 0.15～0ka BP 是生物量燃烧的三个活跃期，其中第一个时期与气候向暖干方向转化有关，第二个时期与气候干燥和生物量分布调整有关，第三个时期与人类活动有关。

进一步的分析发现,GISP2 冰芯地点现代冰雪中的碳黑含量与公元 320～330 年时期的相当,约为 2.1μg/kg,而冰期时的碳黑含量不足 0.05μg/kg。

南极 Byrd 冰芯记录表明,在末次冰期向全新世的过渡时期碳黑含量为 0.1μg/kg,到全新世碳黑含量有所增加,平均为 0.5μg/kg(变化于 0.1～0.9μg/kg 之间)。

现有的分析资料表明,全新世时期格陵兰冰芯记录的碳黑含量大约是南极冰芯记录的 3～4 倍,这表明北半球的生物量燃烧程度要大于南半球。

根据两极冰芯中 CH_4 浓度记录以及纬向三箱模型,研究了末次冰期以来 CH_4 不同源区对大气 CH_4 含量变化的贡献,结果发现虽然热带地区是大气 CH_4 的主要源地,然而除末次冰盛期之外(这一时期大气 CH_4 含量绝大部分来自热带湿地),北半球高纬湿地对大气 CH_4 含量的贡献几乎与热带地区的贡献处于同一量级。

超新星爆炸

超新星爆炸时会产生大量的 X 射线,当这些射线进入地球大气层后会使大气中产生大量的 NO(NO 和 NO_2 是 NO_3^- 的前身),从而在爆炸事件发生之后的冰雪沉积层中形成明显的 NO_3^- 浓度峰值。

南极冰芯中的 NO_3^- 浓度记录,发现有 4 个高于 NO_3^- 背景浓度 2～3 倍的峰值,其中公元 1811 年、1572 年和 1604 年的峰值浓度和当时已知的超新星爆炸事件相对应,而第四个 NO_3^- 浓度峰值(大约出现在公元 1300 年左右)当时没有找到对应的超新星爆炸事件。

最近天文学研究发现大约在公元 1320 年前后存在一个叫 Vela 的超新星时,人们又重温冰芯的 NO_3^- 浓度记录,发现当年的第四个 NO_3^- 浓度峰值正好出现在 1320 年。

微生物及其 DNA

冰川冰虽然不能提供微生物的生长环境,但它却是保存生物的良好载体。极地等偏远地区远离人类活动的影响,同时又缺乏营养物质,因此长期以来人们将这些地区视为"无菌"的环境。

随着新近发展起来的 PCR 基因扩增技术在冰芯研究中的应用,这一传统观念已被打破。利用分子生物学技术,对取自北极 Hans Tausen 冰帽冰芯中 2~4ka BP 时段的样品进行 18Sr RNA 基因扩增,得到了 120 个克隆体,并根据它们的 DNA 序列是否具有相似性的原则,发现这 120 个克隆体分属于 57 个分类群,揭示出冰芯内真菌、植物、藻类和原虫的多样性。

进一步的研究发现,这些微生物既包括远源微生物又包括北极局地环境下的微生物。对于中低纬度和极地冰芯中活性细菌的研究,发现其种类和数量在接近地球主要生态系统的中低纬度冰芯中为多,同时发现在大微粒含量高的冰芯层位活性细菌数量大,这可能说明大颗粒有机和无机微粒是细菌传输中的主要载体;从 GISP 2 和 Dye 3 冰芯中分离出多种微生物,包括细菌、丝状真菌、酵母菌和藻类。

目前已从青藏高原马兰冰芯中共分离出 10 属 75 株细菌和 2 属 6 株放线菌,其中细菌与南北极冰雪细菌有一定的相似性,还未分离到极地冰雪中的真菌类和藻类生物,这可能反映了地域环境的差别。

研究发现南极 Vostok 冰芯底部冰起源于冰下湖水,这对于了解处于寒冷、黑暗的特殊生态环境下的微生物状况提供了机遇。通过 RT-PCR 技术,对格陵兰 140ka BP 以来的不同时期的冰芯样品进行扩增,均检测到了西红柿 Masaic Tobamovirus 病毒,并且其基因型与现代的一致,这预示着人类及其它寄生物的一些稳定性病毒也可以保存在冰川中,而且古老的活性病毒可以随着冰川的融化而向现代环境中释放。

人类活动

人们通常认为空气污染是现代技术发展的产物,事实上空气中的重金属污染自从人类学会用火以来就已产生,尤其是古代采矿和冶炼技术的发展使得空气中的重金属污染更为突出。

在古希腊和古罗马的文明时期,对于铅银矿的粗放开采与冶炼极为普遍,重金属污染极为严重,铅中毒甚至成为罗马帝国衰亡的原因之一。

格陵兰冰芯记录表明,这一时期的 Pb 含量(约 2pg/g)大约是全新世早期的(约 0.55pg/g)4 倍。而同期格陵兰冰芯中 Cu 含量的明显峰值,正揭示了罗马帝国对于铜合金产品(用于军备器械和钱币等)需求的增加。

对于近几百年来格陵兰冰雪中 Pb 含量的分析研究,发现人类工业化以后 Pb 含量逐渐增加,而从 20 世纪 30 年代世界经济复苏及汽车产业的大发展开始,冰雪中 Pb 含量增加十分迅猛,到 60 年代大约增加到 7ka BP 的 200 倍。随着美国等西方国家从 1970 年开始限制含铅汽油的使用,从 20 世纪 70 年代到 90 年代格陵兰冰雪记录中的 Pb 含量大约降低了 7 倍。

人类工业化以来向大气排放了大量的 SO_2、NOx 等气体,它们在大气中氧化后形成硫酸和硝酸,致使降水的酸度增加。将 20 世纪初以来欧洲人为 SO_4^{2-} 排放量与北极冰芯中过量 SO_4^{2-} 记录相比较,发现二者呈现相同的增加趋势。欧洲阿尔卑斯山冰芯记录揭示出,SO_4^{2-} 和 NO_3^- 浓度自本世纪初以来均呈增加趋势,并且在 1980 年代它们的浓度高出本世纪初约 3~4 倍。

1950 年代以来,由于核工业的发展,人类已向大气释放了大量不同的放射性物质。如 1954 年和 1961~1962 年发生在北半球的核试验,不仅在北半球山地冰芯和格陵兰冰芯中形成了 β 活化度(主要由裂变产物 ^{90}Sr 和 ^{37}Cs 产生)和氚浓度的强信号记录,而且在南极冰芯中也有明显的表现。

南美热带的秘鲁冰芯分析结果发现,在大约公元 490～620 年和 830～960 年两个时期微粒含量呈现明显的峰值,而这两个时期又正值降水丰富的时期。结合该冰芯中的孢粉分析及尘埃的粒径组成和扫描电镜分析结果,认为这两次尘埃事件很可能与位于尘埃来源方向的 Titicaca 湖区的农业开垦和放牧有关。

另外,格陵兰冰芯记录也为考古所发现的格陵兰周边一些北欧人长达 500 年左右的居住点在 14 世纪的废弃提供了气候解释。

第六章
冰川对古气候和大气环境变化的纪录

氧同位素与古气候

冰同位素分馏是在大气水循环过程中，由水中三种分子（H_2O，HDO 和 $H_2^{18}O$）的水汽压差异（平衡效应）和分子扩散差异（动力学效应）而引起的。大气中的水汽主要来源于宽阔的海洋，全球海水的同位素构成几乎是一致的，$H_2^{16}O$，$HD^{16}O$ 和 $H_2^{18}O$ 含量比值为 0.9977：0.0003：0.0020。由于重水的水汽压比普通水的水汽压稍低，因此重水分子不易蒸发，而易于凝结。这样水在蒸发、凝结的循环中，其同位素组成就会发生变化。

在分析稳定同位素以恢复古气候的工作中，至今以氧同位素的利用最为广泛，效果也最好。氧中存在着三种同位素：^{16}O，^{17}O，^{18}O，其中 ^{17}O 含量极小，可以忽略不计。在 $H_2^{18}O$ 与 $H_2^{16}O$ 之间存在着蒸汽压的不同，因而通过蒸发与凝聚过程将引起同位素分馏，使存在于不同环境中的水，其 ^{18}O 与 ^{16}O 含量比（$^{18}O/^{16}O$）出现微小差异。蒸发过程中，轻的水分子易蒸发,从而使^{16}O 在水汽中得到富集;凝聚过程中,重的水分子易于凝结,将使剩余水汽中的^{16}O 比重进一步增大,因而陆上水体中^{18}O/^{16}O 的值均小于标准平均大洋水(SMOW)中的^{18}O/^{16}O 值。

离海洋蒸发源愈远,经历多次蒸发-凝聚作用后,水体中此值愈小。以标准平均大洋水中的^{18}O/^{16}O 值为准,差值可以 δ^{18}O 表示:

$$\delta^{18}O = \left(\frac{\frac{^{18}O}{^{16}O}_{(样品)} - \frac{^{18}O}{^{16}O}_{(SNOW)}}{\frac{^{18}O}{^{16}O}_{(SNOW)}} \right) \times 1000‰$$

由于蒸发和凝结过程均使水汽中重同位素含量减少,因此降水中 δ 值总是负值。对于 δ^{18}O 来说,其最小值大约为 −60‰;而对于 δD 而言,其最小值可达 −500‰。

当海洋气团向高纬或内陆移动时,水汽中的重同位素随着降水的发生而离开气团,其剩余水汽中的 δ^{18}O 或 δD 就变得越来越偏负。而气团只有在却冷时,其水汽才会凝结,可见气温是影响降水中 δ^{18}O 或 δD 的一个重要因素。

一般而言,洋面温度变化比高纬或内陆的气温变化要稳定得多,因此某一地点降水中的 δ^{18}O 或 δD 对于当地降水时的气温有很大的依赖性。蒸发、凝聚作用均受温度影响,所以 δ^{18}O 值与温度之间可以建立关系。

南、北极地的冰盖是由各个不同时期的降雪积累、压实而形成的,取得不同时期的冰层中的 δ^{18}O 值,即可恢复各时期冰原的古气温。

在东南极,气候学条件相对简单,经验性同位素-温度关系尤为确定,已观测到的斜率 δD 为 6‰/℃,δ^{18}O 为 0.75‰/℃ 与由一维大气模式(即半逆温层上部的温度作为形成温度,并考虑雪形成时的动力效应)得出的数据相符合。

第六章　冰川对古气候和大气环境变化的纪录 · 111

为了寻求冰芯中的气候环境指标,我国自20世纪80年代末90年代初以来进行了现代降水中$\delta^{18}O$的研究工作,目前已在青藏高原地区建立了降水样品采集网点。对于已收集降水样品的分析研究,不仅发现了唐古拉山是一条主要的气候分界线,而且发现在高原北部地区降水中$\delta^{18}O$主要受气温影响,而在南部地区存在降水量效应。

平均来说,在青藏高原北部地区降水中$\delta^{18}O$每增大(或减小)1‰,相当于气温上升(或下降)约1.6℃。在获得某一地区$\delta^{18}O$与气温之间的定量关系之后,就可根据取自这一地区的冰芯中$\delta^{18}O$记录定量地恢复过去气温的变化。

对格陵兰西部世纪营(Camp Century)最近一百年的冰层作逐年氧同位素分析,推算得100年来的气温变化,与邻近气象站的实测记录相符。据最近1000年来冰层中$\delta^{18}O$值推算的气温变化,与根据欧洲历史文献等推算的结论一致。

冰芯记录能够告诉什么

冰盖和冰川主要是大气过程的产物,是地球上大气、海洋、陆地气候系统中的主要分量。冰盖和冰川在地质历史时期和近代的变化对全球气候具有重要影响。冰川也是各种大气产生和搬运物质的半永久储存库。

在冰川冰层里储蓄的物质有气溶胶微粒、火山尘埃、各种酸性物质、各种固体的和可溶的颗粒性物质,自然和人为的放射性物质、稳定同位素、自然和人为的各种大气气体、农药、各种工业性化学物质和大量的微量物质,所有这些化学物质或成分起初都作为雪的晶核存在并降浇到冰川,然后经降雪的沉积和变质作用过程以及冰川的发育过程进入冰川内部。

冬季,我们可以见到,路边的积雪会逐渐变脏,那是因为它们吸收了空气中的灰尘。同样,冰也可以禁调泥土和灰尘。

有时，我们会发现冰中有些微小的气泡，这表明了气体同样可以被冰捕获。在南极 4000m 厚的冰层中包含了它形成时的大气中的微粒和气体，由于这些冰是在 40 多万年的时间里堆积起来的，不同深度的冰里卷入的微粒和气体来源于不同时代的大气，通过研究这些微粒和气体，就可以推算那个时代的气候情况。

如果漂浮在大气中的类似火山灰的固体颗粒阻挡了到达地球的阳光，地球就会变冷，而二氧化碳、甲烷、二氧化氮等温室气体，又会使地球变暖。这些漂浮在大气中的微粒和气体，有些会落到最上面的雪中，并被来年的降雪封存起来，就逐年形成厚厚的冰川，而冰芯就是其中的一段。

与可提取过去气候环境变化信息的介质（历史记录、树木年轮、湖泊沉积、珊瑚沉积、黄土、深海岩芯、孢粉、古土壤和沉积岩等）相比，冰芯具有保真性好（低温环境）、分辨率高（分辨精度可达到年）、记录序列长（可达几十万年）和信息量大等特点，因而受到科学家们的青睐。

虽然多学科冰芯研究的结果还比较新，但它提供了振奋人心和令人耳目一新的与地球历史和行星系统相关的资料。已经发表的过去 10000～150000 年的重要结果有：

(1) 用 $^{18}O/^{16}O$ 和 $^{2}H/^{1}H$ 稳定同位素比率测定结果建立了地球和极地地区气候。这些研究的一个重要成果是，两个主要的低频率冰期气候同时记录在两极的深孔冰芯中，而高频率的气候扰动则叠加在这两个冰期气候之上。

(2) 建立了大气尘埃荷载的演化。大气尘埃为我们提供了极地地区大气环流形势、气溶胶沉积及迁移路线、全球循环路径、火山活动的量级与构成以及地球表面外星物质通量等多方面的信息。

(3) 建立了大气主要的和微量的气体成分以及总构成。其中包括准确、连续和直接的大气测量开始前的 CO_2、CH_4 和 N_2O 浓度变化和相互关系的研究。结果中一个振奋人心的发现是在过去冰期和间冰期交替中 CO_2/空气比率变化与气候变化的同步性。

第六章 冰川对古气候和大气环境变化的纪录

(4) 建立了通过改变太阳辐射和大陆磁场而引起的宇宙射线的变化。冰体中的高 ^{10}Be 期与太阳宁静期一致,如蒙德尔极小期(公元 1640~1710 年);高 ^{10}Be 期与树木年轮中的 ^{14}C 短期变化趋势是一致的。

(5) 建立了自从工业革命以来由于人为释放而引起的地球变化中的大气圈化学记录。它的重要性在于建立了工业革命前的本底含量水平,发现了各主要的和微量的大气成分(如 SO_4^{2-},NO_3^-,Cl^- 和重金属等)在威斯康辛时期以及在全新世-威斯康辛气候边界上的具有周期性的渐变和突变。

以上阐述了关于冰川中所观测到的受特定区域人类活动影响的化学成分问题。为了未来的进一步发展,值得重温一下取得科学成就的几项研究。

气溶胶

众所周知,由于人类活动对大气中硫和氨循环的调节作用,以及对痕量金属元素和其它也具有低水汽压物质的排放,使得具有较长生存期(一直到数月)的亚微粒气溶胶的得以形成。这些物质在世界各地通过降水过程被清除出来。这就使得由雪形成的冰川冰能够永久地保持这些人为污染物的记录。在南极高原非常干旱的地区,由于降水稀少,气溶胶直接沉降到雪面。这些记录目前仍保存在冰中。因此,人类污染的意义上讲,如何分析冰川记录不仅颇具吸引力而且也非常有用。

在无气体物质的气溶胶中,重金属被证实是具有全球尺度的受人类影响的物质,但可靠资料有限,只有铅具有自工业化以来随时间变化趋势的详细描述。

在格陵兰,雪中的铅含量在过去 2000 年里已经增加了 200 倍。与南极非常弱的 4~10 倍的铅增长量相比,形成了鲜明的对照。这个结果与全球铅排放分布以及气团在穿越赤道和穿越南极环流时受到限制的估计一致。

在古冰川中测到的工业化前－农业化时期的铅浓度符合估算的自然地壳丰度,这说明不存在使这种元素富集的重要自然机制。

值得注意的是有机氯化物,例如 DDT(E)和 PCBs 它们目前已在两半球的极地雪中被发现,但均不存在自然源。

有些物质实际上溶解在冰中(如 SO_4^{2-}),而不溶解物质以胶状形式被保留下来。要解释这种现象,需要对物质输送到冰里的气溶胶物理学做更多的基础研究。

关于气溶胶从发源地输送到采样点的机制,以及降雪吸收气溶胶的机制,仍存在不确定性。然而,在我们对人为排放率及其地理分布已明确认识的这一时期形成的冰川冰中,已识别出了受人类活动显著影响的几个因素:

(1)与核试验相关的放射性记录:极地冰盖的时刻序列反映了逐次核试验的量级。放射性核素成分的变化也与已知核武器类型的发展一致。

(2)过去 200 年期间,北极 NO_3^- 和 SO_4^{2-} 增加与已知的排放量一致;20 世纪 50 年代以前 NO_3^- 的增加是微不足道的,而 SO_4^{2-} 在最后 100 年中连续增加。自 50 年代以来,煤和石油的燃烧增加,汽车排放的 NO_3^- 也迅速增加。

(3)北极雪中清楚地反映了 Pb 排放量增加,南极的程度较轻。如所预期的那样,由于机动车含铅燃料造成的排放迅速增加,铅的增加主要出现在 20 世纪 50 年代以后。

大气微量气体

描述了主要的温室气体 CO_2,CH_4 和 N_2O 的长期变化。这些气体在冰期和间冰期期间的变化特点以及最近 200 年的人为影响,目前已有明确的解释。

就 CO_2 而言,稳定碳同位素变化的测量已使得我们可以较精确地估计生物圈对 CO_2 增加的贡献大小和时间。然而,更为重要的是将封闭在冰芯气泡中的 CO_2 和 CH_4 浓度与取自现代大气监控计划的结果进行对比。

例如,根据澳大利亚对南极冰芯的研究,在1961～1980年的20年里,从南极冰芯中测到的CO_2浓度与同期在南极极点记录到的数值相差无几。

与此相似,1978～1982年期间,在冰中测到的CH_4浓度与同期在Tasmania的Cape Grim气象台记录到的数值在实验精度范围内是相同的。

硝酸根和硫酸根

SO_4^{2-}和NO_3^-的沉积明显增加是格陵兰冰芯中特别重要的发现。已测出两种物质分别增加了3～4倍和几乎2倍。最近估计的硫源主要由100TgS/a的人类活动输入和约40～50TgS/a的海洋排放所组成。

对北半球来说,这意味着硫排放差不多增加了6～7倍。而冰芯只记录了其中一部分。

上述增加可能是下列因素结合的结果:来自北半球陆地的重要天然排放(≈25TgS/a)由于格陵兰的海洋位置使海洋S排放影响相对较大。

目前对NO_x($NO+NO_2$)收支所做的估计是相对混乱的。北半球工业化前排放量的量级或许为12TgN/a,其中8TgN/a的组成来自土壤,4TgN/a来自闪电。闪电源通常在整个大气过程中沉降。上述两类贡献实际上发生在热带和亚热带。

自工业化以来,人为的排放量增加了20TgN/a,以至北半球NO_x的总排放量估计增加了约3倍。尽管如此,沉积的增加量小于2倍。

这种差异可能表明本底NO_x和HNO_3受闪电源的影响,同时也表明闪电的远距离输送和平流层NO_x输送可能是非常重要的现象。

南极雪中的测定表明浓度存在着约 2~3 倍的低增长率,它或许能用于证实前述观点。然而,一个未知的问题是沉积是否受平流层 NO_x 源的影响。尤其值得关注的是,HNO_3 在冬季和早春有可能在极地平流层的云滴上产生凝结,这些微粒可能会从平流层沉淀下来。

极地冰盖的深孔冰芯提供了过去大气成分的独特记录。在这些记录中,雪的同位素组分反应着大气温度。

同时,包裹在冰中的空气气泡保存着过去大气 CO_2 水平的记录。冰中的杂质受到降雨量(积累量)、各种自然和人为来源贡献以及空中输送强度的影响。

同位素温度记录

冰同位素分馏是在大气水循环过程中,由水中三种分子的水汽压差异和分子扩散差异而引起的。这些过程一般导致水中同位素标准差(δs)随温度下降而下降,以现代极地降雨来看,年均 δs 与地面上气温(Ts)呈线性关系。至少可以用这个关系来解释 Dome C 和 Vostok 的同位素数据,因为在东南极气候学条件相对简单,经验性同位素-温度关系尤为确定。

值得一提的是,对 δD 来说,与温度无直接关联的动力效应的相对影响比对 $\delta^{18}O$ 要弱,在对 Vostok 冰芯进行研究时,最初是根据 $\delta^{18}O$ 数据来估计气温变化的,后来由氘剖面得出了相对连续的温度记录,氘剖面是在根据海水的 δD 的变化进行了校正之后用 6‰/℃ 的梯度做出的。

通过研究钻取出来的南极冰芯的年代和冰芯中的物质,可以推测当时的气候情况。

这里可以选择几个典型年代来说明冰芯纪录与环境的关系,如表 6.1 所示。

第六章 冰川对古气候和大气环境变化的纪录

表 6.1 南极典型年代冰芯纪录与环境的关系

冰的来源	所含物质	与气候的关系
公元 1987~1988 年	放射性物质	1986 年 4 月 26 日,切尔诺贝利核电站发生爆炸,在其后两年的时间里,科学家在远隔千里的南极冰层中发现放射性物质,这说明污染是可以通过大气层向全球传播的。这个时候,正是各种污染严重的时候,由于污染导致的温室效应使得全球特大洪水的次数增加
公元 1900 年	二氧化碳、甲烷等,主要是由工业生产、植物燃烧、交通工具产生的废气,及与气候的关系	气象学家对 1900 年和 1900 年之前的冰层进行了比较,在 1900 年的冰层里发现了更多的二氧化碳和甲烷,那正是人类开始大量使用燃料的时候,也是科学家认为地球开始出现温室效应的时候
公元 1400 年	浓度偏高的海盐	当地球两极的空气变冷并混合了来自中纬度的温暖空气的时候,海洋将变得波涛汹涌,并给南极大陆带来了盐分,一些盐颗粒甚至可以漂浮在空气中,随着降雪沉积下来。1400 年的冰中含有大量的盐,这表明当时的地球处于寒冷的时期。研究人员估计,从 1400 年开始,近 400 年来地球的平均温度比现在低 0.5~1℃
公元前 7300 年	来自印度尼西亚远古火山特巴的火山灰	科学家们认为,特巴火山当时发生了一次非常强烈的爆发,喷发出来的火山灰挡住了部分阳光,使地球变冷了几个世纪

42 万年来南极东方站冰芯纪录的气候与大气变化

东方站(Vostok)是俄罗斯在东南极的一个长期研究站,位于 78°S,106°E,海拔 3488m,年平均气温 −55℃。冰钻项目是在俄罗斯、美国和法国长期合作研究的框架下开展的,冰芯深 3623m,其年代大约为 42 万年。冰芯的分析项目包括:冰的氘含量(δD,作为当地温度变化的代用指标),粉尘含量(沙漠气溶胶),钠离子浓度(海洋气溶胶),残存空气的 CO_2 浓度,甲烷(CH_4)浓度及氧气的 $\delta^{18}O$(用于反映全球冰体积变化和水循环变化)。同位素含量变化通过现代研究点的降水和温度关系转换为温度变化。

42 万年来的温度,CO_2 和 CH_4 浓度变化如图 6.1 所示。

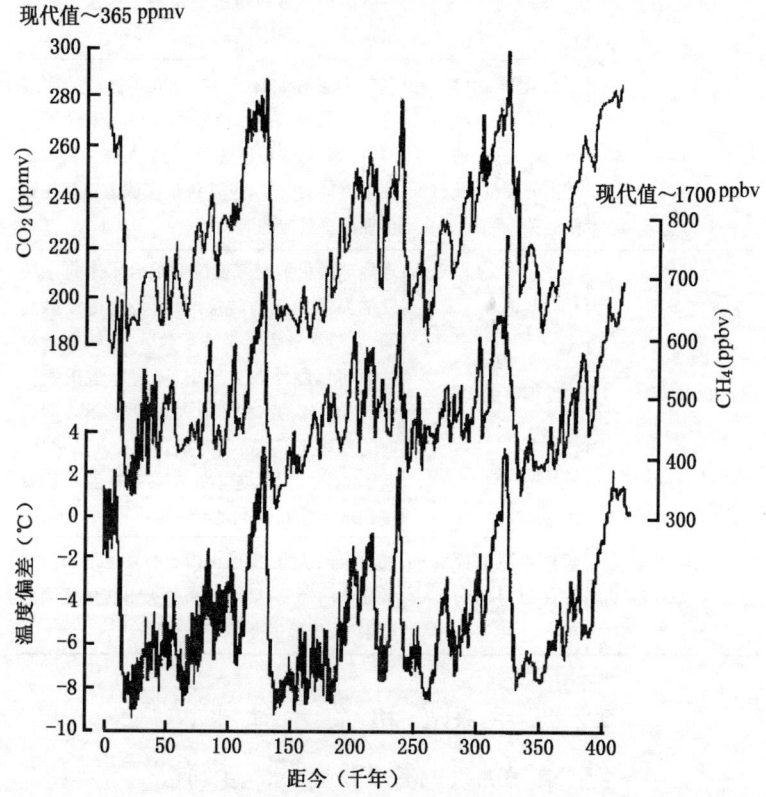

图 6.1 42 万年来的南极东方站冰芯纪录的温度、CO_2 和 CH_4 浓度变化
(引自 Petit JR 等)

温度变化

42万年来经历了4个冰期-间冰期循环,冰期-间冰期的温度变化幅度在目前大气高度约为8℃(逆温层),在近地面达12℃,具有大范围的代表意义(南极和南半球部分)。

在冰期循环中,最近的两个冰期比较相似,第3和第4个冰期要比最近的两个冰期持续的时间短。在4个气候循环中,在温暖的间冰期由一系列不断变冷的间阶段事件呈锯齿状下降,达到冷底后,迅速的又返回到下一个间冰期。每一个冰期的最冷部分正好都在冰期结束前的那段。位于7.5段的最暖温度稍温暖与全新世,9.3段和5.5段的温暖程度相当。

温度变化过程表现出明显的地球轨道效应,即具有明显的100ka、40ka和23~19ka的周期。同时发现,大气中的温室气体(CH_4,CO_2)含量变化以及大气气溶胶含量变化等都存在地球轨道参数变化的周期。

温室气体

纪录的温室气体浓度变化表明,CO_2和CH_4浓度变化的主要趋势与每个冰期循环类似,从最低值最高值的主要过渡与冰期向间冰期的过渡期是一致的。在这些时期,大气的CO_2浓度从180ppmv增加到280~300ppmv,CH_4浓度从350ppbv增加到650~770ppbv。

纪录的温室气体浓度变化范围表明,目前的CO_2和CH_4浓度水平(分别为约360ppmv和约1700ppbv)在过去的42万年中从没有出现过,而在工业化前的全新世CO_2和CH_4浓度水平(分别为约280ppmv和约650ppbv)在所有的间冰期中都发现过,其中在5.5,9.3和11.3阶段都高于这个水平,最高值出现在9.3段,当时的CO_2和CH_4浓度水平分别达到300ppmv和780ppbv。

古里雅冰芯纪录的末次间冰期以来气候变化

古里雅冰芯是迄今为止在中低纬度地区钻取的长度最长和记录时间最长的冰芯。古里雅冰帽位于西昆仑山,是中低纬度地区海拔最高(顶部海拔 6710m)、面积最大(达 376.05km²,其中平顶部分面积为 131.75km²)和厚度最厚(平均厚度 200m,最厚处可达 350m)的极地型冰川。1992 年夏季中美科学家在海拔 6200m 处钻取了 308.6m 长的透底冰芯,308.6m 透底冰芯的年代跨距达 70 多万年,通过该冰芯研究已恢复了自末次间冰期以来各种时间尺度上的气候环境变化记录。根据 ^{36}Cl 的定年结果,发现古里雅冰芯最底层冰的形成年代在距今 760ka 以前。

图 6.2 是 125ka 以来古里雅冰芯 $\delta^{18}O$ 记录所指示的温度变化,将其与深海沉积中氧同位素变化比较,可以清楚地划分出阶段 1(冰后期)、阶段 2(末次冰期晚冰阶或冰盛期)、阶段 3(末次冰期间冰阶)、阶段 4(末次冰期早冰阶)和阶段 5(末次间冰期)。而阶段 5 又分出 a,b,c,d 和 e 的 5 个亚阶段。

根据姚檀栋等的研究,末次间冰期(75~125ka BP)内气候变化是很剧烈的,与现代气候平均状况比较,5a,5c,5e 三个暖峰的 $\delta^{18}O$ 值分别高出现代 1.7‰,0.5‰ 和 3.2‰,换算的气温分别相当 3K,0.9K 和 5K。而 5b 与 5d 两个冷时段分别比 5c 和 5e 降温 3K 和 4K 以上。在各亚阶段内还各有若干百年级冷暖振动。

值得注意的是 5e 与 5d 间,5c 与 5b,5a 与 4 阶段间均以大幅度突变降温为特征,而 5d 与 5c 间,5b 与 5a 间则以阶梯式缓变升温为特征。

末次冰期是突然来临的,从 5a 暖峰到 4 阶段这一冷谷历时 3000 年左右,$\delta^{18}O$ 值降低 7.5‰,换算温度下降 12K。4 阶段(75~

58ka BP)与 2 阶段的冰盛期比较时间长度相当,整个冷期平均降温值 4 阶段略高于 2 阶段,但剧烈波动和最低温度出现于 2 阶段,而极端最低出现于 23ka BP。末次冰盛期低温出现时间,^{14}C 年龄在 18ka BP 左右,日历年龄在 21ka BP,在古里雅冰芯记录上,相当于日历年龄。

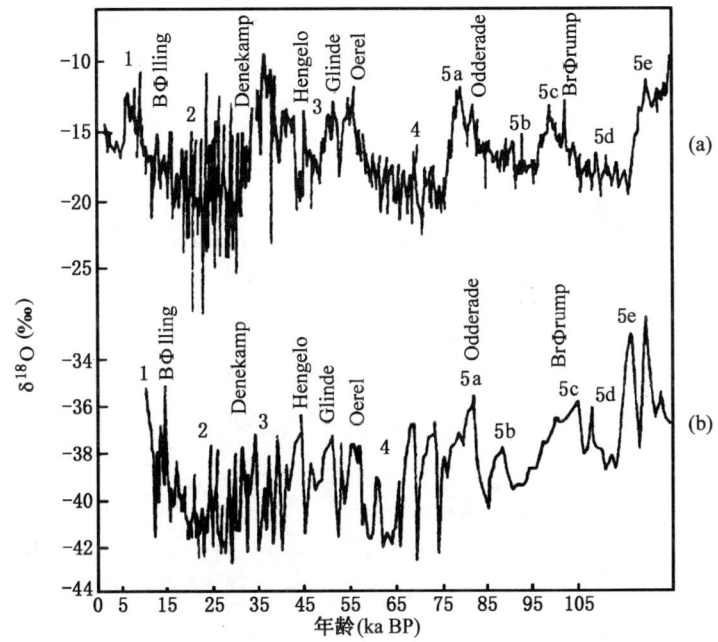

图 6.2 古里雅冰芯中末次间冰期以来气候变化恢复(a)及与格陵兰 GRIP 冰芯记录(b)比较(引自姚檀栋)

在 23~30ka BP 低温期时,平均 $\delta^{18}O$ 值低于现代 6‰,折合温度达约 9~10K,是很明显的冷阶段。3 阶段一般称为间冰阶,在深海氧同位素记录和南极东方站冰芯记录中均为末次冰期中的弱暖期,温度虽高于 2、4 阶段,但低于全新世暖期和末次间冰期。在古里雅冰芯中 3 阶段(58~32ka BP)则出现异常高温,$\delta^{18}O$ 值高于现代。

换而言之,青藏高原 3 阶段的温暖程度已达到间冰期的程度。古里雅冰芯的特殊贡献是指示了 3 阶段暖期中存在显著的冷事件,特别是 47～43ka BP 的冷谷,$\delta^{18}O$ 值降低到接近 2 阶段和 4 阶段。

古里雅冰芯记录显示温度变化与地球绕日轨道变化驱动的太阳辐射变化有密切关系,但又有不同于极地和高纬度地带的特色。中更新世以来极地和高纬度以轨道偏心率变化 100ka 左右周期为特色。

古里雅冰芯 $\delta^{18}O$ 记录的一个突出特征是寒冷事件和温暖事件的变幅都很大。格陵兰冰芯记录的末次冰期的几次冷暖期变幅没有古里雅记录的大。这可能反映了一种事实:即古里雅冰芯所处的青藏高原对气候的反应较格陵兰地区敏感。

中国西部全新世冰川波动反映的气候变化

古里雅冰芯中末次冰盛期时段 $\delta^{18}O$ 值在 $-19‰$ 左右一直维持到日历年龄 16ka BP,以后就转入波动升温,到 12ka BP,$\delta^{18}O$ 值减为 $-16‰$,比末次冰盛期升温 5K 左右,这必然导致冰川的大幅度萎缩,大量冰融水和夏季风降水增加,促进湖泊扩张。

古里雅冰芯中,在 12.2～10.8ka BP 间出现新仙女木降温事件,$\delta^{18}O$ 记录在 12.2ka BP 至 10.9ka BP 间急剧下降至 $-21‰$,相当降温 12K 之巨,以后急速回升,在 10.8ka BP 上升至 $-14‰$,相当于升温 12K。

新仙女木降温事件在地质史上是更新世(Pleistocene)的结束,随即转入全新世(Holocene)。在早全新世升温期,冰川一般呈退却状态,伴以夏季风增强和湿润,但在日历年龄 8.7～8.9ka BP 出现强降温突变,较 9ka BP 降 3.7K 之巨,是全新世的极冷事件。

与此相呼应已发现^{14}C测年敦德冰帽8455±265a BP的冰川前进，古里雅冰帽8290±160a BP的冰川前进，在欧洲阿尔卑斯山，南美安第斯山出现有8.6ka BP左右的冰川前进，这可能是一次全球性的降温与冰川前进事件。

这一事件距新仙女木事件2000年左右，都是升温过程中突然强烈降温，形成灾变。

在中全新世大暖期，我国多数地区以敦德冰芯记录7.2～6ka BP为代表是稳定暖和湿润的鼎盛时期。图6.3所示为敦德冰芯10ka BP以来δ^{18}O的世纪变化。

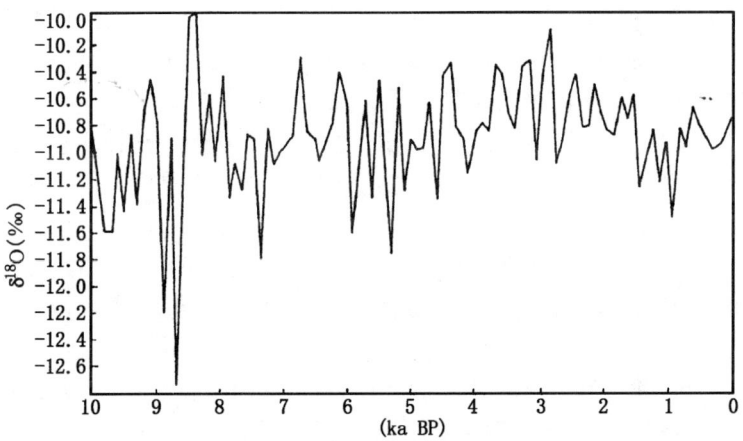

图6.3 敦德冰芯10ka BP以来δ^{18}O的世纪变化(引自姚檀栋等,1992)

青藏高原普遍出现湖水的淡化与扩张，青海湖盐度降到13.04g/L，7月水温比现代高1.8～2.7K，据^{14}C测年为6245±180a BP左右的紫果云杉(*Picea Purprea*)残木推算湖区年降水为600mm左右，温度高出现代一般为2～3K，青藏高原部分地区达4～5K。古里雅冰芯记录其时δ^{18}O平均值高出近1000a平均值3‰，也达到5K左右，这时冰川大幅度后退时期。

敦德冰芯δ^{18}O世纪变化在2.8～2.7ka BP形成显著的冷谷，

以后温度略有回升但总趋势是波动下降,在公元1000年左右达到距今3000年以来的最冷期。这次温度强烈波动变冷,促成了各个山区的冰川的前进,形成了分布广泛的新冰期冰碛,较典型的例子是西藏东南部[14]C法测定的2980±150a BP的雪当冰川前进,1920±110a BP的若果冰川前进,贡嘎山东坡海螺沟冰川旁称观景台侧碛的冰川前进,据埋藏杉木的测年为3080±80a BP,2480±80a BP与1550±70a BP,天山乌鲁木齐河源地衣法测定2800a BP冰川前进,祁连山冷龙岭南坡[14]C法测定的2530～3110a BP的冰川前进等等。

特别值得指出的是,敦德冰芯 $\delta^{18}O$ 记录和竺可桢古温度曲线所反映的重大气候事件可以相互映证。在敦德冰芯 $\delta^{18}O$ 记录中,过去5000年来的最暖期是公元前800年。

根据竺可桢研究,这个时期的竹子、梅等亚热带植物北移到温带的事实。敦德冰芯 $\delta^{18}O$ 记录所反映的另外一个重要气候事件是从9世纪到12世纪的寒冷期,$\delta^{18}O$ 值从最暖的公元800年的-10.2‰减小到最冷的公元1000年的-11.3‰,下降了1.1‰。竹子、梅等亚热带植物此时在黄河中下游消失,这与敦德冰芯 $\delta^{18}O$ 记录反映的一致。

自那时以后,温度又在逐渐上升。从敦德冰芯 $\delta^{18}O$ 记录看,在不同的时间尺度上,气候变化特征大不一样。

在千年时间尺度上,反映气候冷暖变化的 $\delta^{18}O$ 的变幅达-6.28‰。而在500年时间尺度上,变幅为-2.9‰。敦德冰芯 $\delta^{18}O$ 记录与其它地区各种记录比较发现,敦德冰芯记录所反映的温度变化与中国东部温度变化趋势是相似的。

小冰期的气候变化

小冰期一般指15～19世纪气候相对寒冷时期,其时冰川有一定程度的前进,在多处形成3道保存较好的新鲜终碛垄,揭示小冰期中的气候波动。天山乌鲁木齐河1号冰川末端的3道小冰期终碛,应用地衣法测定年龄分别为1538±20年、1777±20年和1871±20年,贡嘎山海螺沟冰川的小冰期3道终碛为15世纪至19世纪所成,冰川前进滞后于气候变化。祁连山敦德冰芯记录指示的小冰期三次冷期发生于1420～1520年、1570～1580年和1770～1890年。第二冷期的冰碛超覆于第一冷期的终碛上,可能表示第二冷期严寒程度与冰川前进较盛,这一强冷期和太阳辐射最弱的蒙德尔(Maunder)极小期(1645～1715年)相遇有关。

根据敦德冰芯 $\delta^{18}O$ 变化可以看出,自公元1400年以来,有3次明显的冷期和3次明显的暖期。三次冷期发生在1420～1520年、1570～1680年、1770～1890年;三次暖期发生在于1520～1570年、1680～1770年和1890年至20世纪。

三个冷期的寒冷程度有所不同,寒冷程度最弱是发生在19世纪的冷期,寒冷程度最强的是发生在17世纪的冷期,是600年来的最冷期,在1620年左右达最盛。发生在15世纪的冷期介于这两者之间;公元1400年以来的三个温暖期,温暖的程度逐渐加强。16世纪暖期时 $\delta^{18}O$ 为 $-10.7‰$,18世纪暖期时 $\delta^{18}O$ 为 $-10.6‰$,到20世纪暖期时 $\delta^{18}O$ 值上升到 $-10.2‰$;从19世纪末期开始,气温上升十分迅猛,有直线上升的趋势。

表6.2所示为根据不同类型代用指标的统计,小冰期盛时的17世纪比现代降温的情况。

由表6.2可知,小冰期盛时比20世纪60年代、70年代降温值介于 $0.65～2.0K$ 间,平均为 $1.3K$,而推算全球17世纪比20世纪平均降温值为 $0.5～0.8℃$。我国西部冰川区的降温值几乎为全球平均值的一倍。西部不同山区升温值也有差别,属于海洋型冰川的南迦巴瓦峰区据雪线下降推算的降温值仅 $0.65K$,极大陆型冰川区古里雅冰芯 $\delta^{18}O$ 记录指示的17世纪下降值为 $2.0K$,而亚大陆型冰川区如天山乌鲁木齐河上游据树轮相关推算的年均温下降值为 $1.3K$,夏季温度下降值为 $0.6K$。

表 6.2 小冰期最盛时(17 世纪)比 20 世纪 60 年代和 70 年代的降温值
(据施雅风等)

地 点	经纬度	海拔高度(m)	降温值(K)	方 法	资料来源
天山乌鲁木齐河源		2900~4000	1.3(年) 0.6(夏)	年轮相关	张祥松、王宗太,1995
祁连山敦德冰帽	96°25′E 38°06′N	5300	1.5(年)	$\delta^{18}O$ 值换算	姚檀栋等,1990
西昆仑山古里雅冰帽	81°29′E 35°17′N	6200	2.0(17 世纪) 3.5(19 世纪最冷)	$\delta^{18}O$ 值换算	姚檀栋等,1995
云南迪庆州小中甸地区	99°42′E 27°98′N	3750~3900	1.0	年轮相关	吴祥定、林振耀,1983
喜马拉雅东段南迦巴瓦峰地区	95°00′E 29°30′N	2950~3650	0.65	雪线下降值换算	杨逸畴,1996
西部山地平均			1.3		

小冰期降水据冰芯记录青藏高原南北侧有相当差别,高原南侧喜拉雅山达索普冰芯积累量记录显示 17 世纪冷期降水量较多,1650~1670 年左右最高值可达 1000mm 左右,18 世纪暖期一般在 500mm 左右,1820 年左右开始进入另一个高降水时期,持续至 1921 年,降水波动出入于 500~1200mm 间,这时相应小冰期的第三冷期。1921 年后降水又趋于减少。敦德冰芯记录指示在海拔 5000~5300m 处平衡线附近年平均降水为 500mm,小冰期时达到 580mm 左右。17 世纪寒冷降水较少,18 世纪稍暖,降水显著增多,19 世纪降水又较小,小冰期结束后降水又伴随各项温而有所增加,但年代际变化上温度与降水不同步,呈现冷湿、冷干、暖湿、暖干多种搭配情况,高原西北部古里雅冰芯有长达 1700a 分辨率为 10a 的积累量记录,总的显示小冰期时 16~18 世纪降水(180~340mm)显著高于 5~14 世纪。19 世纪冷期降水减少,20 世纪转暖又复增加。在天山乌鲁木齐河源根据平衡线高程变化与降水、气温相关变化推导,小冰期平衡线年降水比今多 100mm 或 50~65mm。

小冰期以来,中国西部山区冰川面积已经减少20.9%,约12400km^2。

据此推算,小冰期时的冰川面积约为71606km^2,大约是现代冰川面积的1.2倍。阿尔卑斯山小冰期冰川变化分析表明,自小冰期后即1870年至本世纪的1970年间冰川面积减少了1459±57km^2,相当于现代冰川面积(2909km^2)的50.2%,该山区的冰川以海洋型冰川为主,比我国以大陆型为主的冰川面积减小幅度高得多。

敦德冰芯和古里雅冰芯东西相距1280km,地理环境差别很大。虽然小冰期冷暖事件基本相同,但各冷暖事件的幅度差异是较大的。最明显的差异是在这两记录中,小冰期中最冷事件在敦德冰芯中出现在17世纪,而在古里雅冰芯中,出现在16世纪。就变化幅度而言,17世纪冷期时,敦德冰芯中$\delta^{18}O$值比前期暖期降低了0.7‰(从−10.5‰降低到−11.2‰),在古里雅冰芯中,同期$\delta^{18}O$降低值是0.5‰(从−13.9‰降到−14.4‰),但在19世纪冷期时,敦德冰芯$\delta^{18}O$值只比前期暖期降低了0.35‰,而古里雅冰芯中$\delta^{18}O$值降低了1.4‰。

冰芯揭示的南极地区近100年来气候变化

通过对比中山站—Dome A 断面和 Lambert 冰川西侧内陆考察路线上浅冰芯研究结果,任贾文等发现 Lambert 冰川流域东侧和西侧近几十年来气候变化显著不同:东侧区域温度和降水都呈明显上升趋势,西侧区域降水为下降,温度变化趋势则不明确。

如果范围扩大,进一步向东到 Wilkes Land 等地区,向西到 Dronning Maud Land 等地区,发现东部地区(如 Wilkes Land 等)为温度升高、降水增加;西部地区(如 Dronning Maud Land 等)降水明显减小,温度变化则不确定。靠近 Lambert 冰川,温度略有下降或没有变化,离 Lambert 冰川较远,则呈升高趋势(表 6.3)。也就是说,以 Lambert 冰川谷地为界的气候差异在很大范围都存在,可认为 Lambert 冰川谷地是东南极洲重要的气候分界线。

相对来说,南极地区数百年时间尺度的冰芯记录比较零星。截止目前,除南极半岛外,南极冰盖上数百年时间尺度冰芯记录主要有:南极点、Dome C、Siple 站、Law Dome、Mizuho 站、Filchner-Ronne 冰架 T340、Dronning Maud Land(DML)、Northern Victoria Land(NVL)。

研究显示,从 16 世纪到 19 世纪中期,东南极冰芯(Law Dome、Mizuho、南极点)显示为冷阶段,西南极冰芯(Siple)则显示为暖阶段或冷暖不明显(T340);自 19 世纪后期以来,东南极表现为升温,西南极则正好相反,温度呈下降趋势。南美洲冰芯记录与东南极的基本一致。说明东南极和西南极在百年尺度气候变化上是非常不同的两个区域,而且东南极的气候变化顺应全球普遍性。

表 6.3 东南极冰盖不同区域冰芯近几十年积累率和稳定氧同位素的年变化速率(据任贾文等)

雪芯	讨论的上部年层数 (a)	积累率平均年变化 (kg/a)	$\delta^{18}O$ 平均年变化 (‰/a)
GC30	31	+2.36	+0.02
D03	55	+1.61	+0.02
GD15	50	+1.17	+0.02
DT001	56	+0.34	+0.02
DT085	57	+1.21	+0.02
Core E	51	−0.01	+0.04
DML05	56	−0.02	+0.03
W200	40	−1.66	−0.03(最大值曲线) −0.06(最小值曲线)
LGB16	53	−0.73	−0.01
MGA	52	−2.36	~0.00
"+"号表示增长,"−"号表示减小			

第六章　冰川对古气候和大气环境变化的纪录 · 129

其次,就东南极或西南极来说,不同地点仍有明显差异。例如,在东南极洲,Law Dome 的冷期较短,比较强烈的集中在 1800 年前后的 100 多年间;Mizuho 的则出现较早、持续时间较长,大致在 1630～1870 年间;南极点的则更为特别,不仅开始和结束的时间更早一些,大约为 1550～1800 年,而且在此期间还相间一些升温过程,一致于似乎为一连串的降温、升温组合,因而总体来看其寒冷程度比 Law Dome 和 Mizuho 要小。在西南极洲,Siple 冰芯记录在 1850 年以前基本以温暖为主要特征,近 100 多年来温度处于下降;T340 冰芯在 1500～1700 年间寒冷占优,其后一直到 1900 年温暖特征明显,20 世纪的总趋势是温度下降,但短期波动很剧烈。

这些现象提示我们,南极地区百年尺度的气候变化也具有很明显的小区域特征。

如果将伊丽莎白公主地、Dronning Maud Land(DML)和 Victoria Land 北部等新近冰芯记录也纳入其中进行对比的话,该区域冰芯记录与南极洲其他区域冰芯记录很不相同,特别是与东南极冰盖其他区域的冰芯所显示的大趋势不一致。

Hercules Neve 冰芯记录显示,从 18 世纪中期(冰芯底部)到 19 世纪末为寒冷阶段,其中最寒冷时期在 18 世纪,进入 20 世纪以来温度不断升高,与 Law Dome 的较为相似。而伊丽莎白公主地冰芯则呈现出 18 世纪属于冷期,19 世纪为显著温暖阶段,特别是 1860 年前后是最近几百年中的温暖高峰,这与其他区域差异很大。

在近几百年中,以小冰期为代表的寒冷期在东南极洲较为明显,在西南极洲则不明显,甚或恰好相反,表现为温暖阶段。在东南极洲,数百年气候变化仍然存在区域差异,以 Lambert 冰川谷地为界,东部地区,小冰期冷期比较突出;西部地区情况不是很明确。Mizuho 冰芯则与东部地区的有相似之处,即小冰期寒冷特征比较明显,尽管时间上有差异。

Lambert 冰川流域可能是非常特殊的地方,虽然小冰期冷期也存在,但1850年前后的显著高温和近100多年来的降温不仅与东南极洲其他地方不一样,也和西南极洲不一样。东南极洲其他地方近100多年来以升温为主,西南极洲除Siple和T340冰芯显示近几百年中看不出小冰期寒冷期外,在南极半岛的其他地点也有类似的冰芯记录。南极点虽然小冰期寒冷程度不强烈,但基本趋势与东南极洲的主流较为一致,而且与南美洲冰芯结果的吻合程度较好,意味着南极点可能比其他地点更好地反映大尺度气候变化特征。

气候突变的纪录

16ka BP以来温度逐步回升,古里雅冰芯 $\delta^{18}O$ 值由16ka BP的$-20‰$上升至12ka BP的$-16‰$;随后发生新仙女木冷事件,古里雅冰芯记录12.2~10.5ka出现了气温急剧下降波动期。对此事件的详细分析发现,新仙女木冷事件降温有3个阶段,即12.2~11.8ka 的 $\delta^{18}O$ 值下降3‰,11.8~11.4ka BP 的 $\delta^{18}O$ 值下降3.5‰和11.4~10.9 kaBP下降1.5‰,总的是1300年间 $\delta^{18}O$ 值从$-13‰$下降到$-21‰$,达8‰(12K),甚至比末次冰期最盛期平均水平还低一些。到此为止,以后又急速回暖,在10.9~10.8ka短短百年内,$\delta^{18}O$ 值由$-21‰$升高到$-14‰$,上升幅度达7‰(11K),转入了全新世。

上述急剧的降温和升温指示着大气环流快速变化,如降温时强寒潮频频南下,和升温时强暖流的汹涌北上,新仙女木冷事件事件中植被恶化和风力强大,使大气尘埃含量迅速增加,新仙女木冷事件事件是自然界的重大灾变。与格陵兰GISP2冰芯中新仙女木冷事件起迄的日历年期比较,古里雅冰芯记录比格陵兰冰芯记录开始时间晚了近700年,结束时间则晚了850年,持续时间在古里雅冰芯较长于格陵兰冰芯,这表示新仙女木冷事件事件首先从北极和北大西洋地区开始,然后波及到中、低纬度地区,地区传播导

第六章 冰川对古气候和大气环境变化的纪录 · 131

致的年期可差数百年之久。

最近美国科学家在非洲的乞力马扎罗山钻取了 6 个冰芯样品,揭示了赤道非洲东部大约 11.7ka 的全新世气候与环境变化情况,揭示了三次气候突变事件:约 8.3ka,约 5.2ka 和约 4ka。其中约 4ka 事件与"第一个黑暗时代(First Dark Age)"相吻合,当时热带非洲出现了历史上有记载的最严重的一次干旱。在约 11.7ka 和 4ka 之间,非洲处于湿润期,根据 F^- 和 Na^+ 的位置变化,表明当时湖的水平面曾剧烈振荡。整个 20 世纪乞力马扎罗山的冰川面积减少了约 80%,如果当前的气候条件持续下去,剩余的冰川面积可能到 2015 年至 2020 年间消失。

冰芯记录所揭示的青藏高原近年来的增温

青藏高原地区不仅在全球变化研究中具有重要作用,而且也对全球气候变化十分敏感。西昆仑山古里雅冰帽和唐古拉山的冬克玛底冰川两地相距 1000km 以上,但两个冰芯样品中稳定氧同位素所记录的变化趋势却基本相似,如图 6.4 所示。

两地记录都显示,20 世纪 50 年代晚期至 60 年代早期为一暖期。这一暖期前后,各有一相对降温时期。这一暖期后的相对降温期的最低点是在 1969 年。

中国西部的气象记录已证实了 20 世纪 50 年代晚期至 60 年代早期的温暖期的存在和以 1969 年左右为转折点的相对降温期的存在。这两记录所显示的最重要的特征是 80 年代的升温。无论是唐古拉冰芯记录还是古里雅冰芯记录,都显示这次升温从 70 年代晚期开始,至 80 年代得到进一步强化,结果造成这次升温是过去 50 多年来最强烈的一次。从 1975 年低点至 1990 年高点,唐古拉冰芯 $\delta^{18}O$ 值增加 1.5‰,相当于升温 2.4K。在古里雅冰芯记录中,这次升温过程比唐古拉冰芯记录更剧烈。同期 $\delta^{18}O$ 值增加 2.6‰,相当于升温 4.1K。

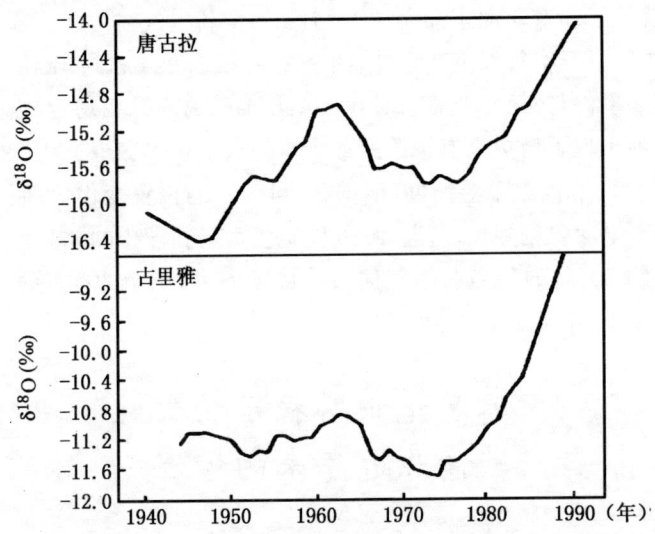

图 6.4　古里雅和唐古拉冰芯稳定同位素所记录的变暖(引自姚檀栋等)

　　同时可以看出,古里雅冰芯记录的变暖在位相上早于唐古拉冰芯记录。古里雅冰芯记录的如此强烈的现代升温是国际上罕见的,它既显示所处的突出高度影响,20 世纪 90 年代的继续升温更可能显示现代的升温突变。

第七章

冰川与人类的关系

冰川的进退与人类演化发展

地理环境可促使物种改变,物种形成后又反过来影响地理环境。地层学的事实论证了地理环境对生物影响,人类的出现也是在第三纪后,进入第四纪时期的必然现象,这在特定的第四纪环境下才能孕育出人类来。第三纪后期(中新世末)两极已有冰盖,低纬地方也冷,森林被毁灭,草原、荒漠出现,原先森林中的古猿向赤道区逃亡,其中能在平原上生活的就安定下来,不致灭绝。进入第四纪后,古猿又遇上冰期,温带大陆和中、低纬高山都生成冰川,森林更少,平原上寒风凛冽,迫使古猿体质上有所改变,生活上也改为直立行走的方式,古猿演化为猿人或直立人。间冰期时代成为各种直立人迅速发展的时期,在距今30万年前,间冰期退出时,第二次冰期又来,猿人已变为智人了。

在距今10万年前,又来了一次冰期,冰期长8～9万年。古人进化到新人阶段。大致

1万年前,冰川消融,成间冰期,称为"冰后期",现代人形成。故现代人是代表着气候的转暖期。

当冰期来临时,由于南、北极和山地积雪成冰,使雨量区集中于赤道带,因而今天沙漠区变为草原,亚热带变成温带,对古人类生活型带来巨大影响和改变。而当间冰期时,积雪消融,大片陆地出露,沙漠形成。这对人类分布影响也很大,因为冰期人类居住大部集中在非洲和东南亚,居住在沿海平原的人在间冰期海面上涨期间也要向内陆迁移。人类即在冰期、间冰期的地理环境不断改变中,有地域的分化。

干燥区和湿潮区的转化,反映大陆上人类有随环境变迁而要迁移的现象。不适应环境的人种将会灭亡,因为在新环境中,疾病、食物、冷暖、敌害都和原适应的环境不同。综合冰期和人类发展情况如表7.1所示。

由表可见,人类进化和冰期有关。但是进化过程却是以内因为主,环境的影响要通过变异和遗传规律进行,自然环境对演化只有选择作用。只要存在多次冰期,地理环境即有多次变化。在温带发生的变迁是冰原和林地的变迁,而在热带、亚热带则为森林,亚热带则为森林、草原和沙漠的变迁。

第四纪气候的多次寒暖交替,次数多达22次,用同位素氧比率测得的古温度变化也有17次(我国间冰期也比今天暖)。这种小变和大变的气候,对地表太阳辐射、化学能的变化都有影响,还有由于动植物的迁移和突变,也使人类的食性变化,食料变化,促使人类的进化和分化。

在距今1万多年以前的末次冰期,地球上的温度很低、冰川大规模发育,因而海平面较低,现代的白令海峡海底露出海面,形成了连接亚洲东北部和北美洲西北部的陆桥。一批生活在西伯利亚一带的黄种人追赶着他们的猎物,穿过这个陆桥勇敢地踏上了北美大陆,并在随后的岁月里逐渐发展散布到了整个美洲。

表 6.1 冰期和人类进化关系表(曾昭璇编,1993)

时代	年龄(年)	欧洲冰期	美洲冰期	亚洲冰期	人种	生活及文化
全新世	0 1万	冰后期	冰后期	冰后期	现代人	农业、新石器时代
晚更新世 Late Pl.	7.5万	威赫塞尔冰期 武木冰期 (Wurm)	威斯康星冰期	大理冰期	智人(新人) Homo sapious	全球性分布、狩猎新石器时代、黄、白种
	13万	伊姆间冰朋	桑加蒙间冰期			
中更新世 Middle Pleistocene	40万	萨姆 Saal 冰期 里斯 Riss 冰期	伊利诺冰期	庐山冰期	尼人 Homo sapiens Neandertalensis	
		荷尔斯坦因间冰期	亚第斯间冰期			
	85万	埃尔斯特冰期 Elste gl.民德	堪萨冰期	大姑冰期	直立人 Homo eroctus	
早更新世 Early Pleistocene		克罗默间冰期 梅纳帕冰期 (贡兹)Günzgl	阿夫通间冰期 内布拉斯加冰期	鄱阳冰期		粗石器,用火
		沃林间冰期			元谋直立人 能人 Homo Habilis 南方古猿非洲猿种 A. Africanus	
		伊布龙冰期 多脑冰期				
		蒂格利间冰期				
	300万	前蒂格利				
上新世 Pleistocene	1200万				南方古猿 Austral-opithecus 拉玛古猿	
中新世 Miocene		南、北极冰盖			森林古猿	

美洲土著人(包括印地安人和因纽特人)在形态上与西伯利亚和其它东亚地区的黄种人非常一致,因此他们与东亚黄种人分离的时间不会太长,估计最多不过14000～20000年。人类来到北美洲和南美洲是历史上规模最大的迁徙之一,这次转移就是气候变化的直接结果。

大约20000年前,最后的冰期期间,巨量海水结冰,海平面比现在低大约100m。我们现在称之为大陆架的那部分洋底,大面积暴露为干旱的土地,一些浅的海峡如白令海峡和卡彭塔利亚湾变成了陆桥。现在称作澳洲土著的人,以及现在在北美称作美洲土人、在南美称作印第安人或土著的亚洲游牧民,都是沿着陆桥的路线迁移的。10000年前,冰川后退,海平面又上升,美洲土著和澳洲土著就滞留在新大陆。与此同时,气温上升,全球气候转入新模式,大致一直维持到现在。

多数历史学家认为在100万年前到4万年前连续出现的冰期以及温暖的间冰期提供了最初的社会组织发展的动力。考古学及人类学的记录都表明,每次冰川后退时期,欧亚之间大陆上原始种族的人口就更稠密,文化就更发展。往后,较小但依然明显的气候波动塑造了更加复杂的社会形式。气候对于人类发展所起的作用甚至更为基本,人类学家、进化论生物学家和气候专家们最近把气候变迁史和人类学事件结合起来,得出新的一致意见:人类进化本身就是由最近600万年内全球气候型态的剧变塑造出来的。

在较大的冰期和间冰期内还有一些明显的起伏。这些起伏与冰期相比或与现在可预料到的人为温暖时期相比是较小的,但对于人类社会已足以造成巨大影响。

冰川融水与绿洲发展

冰川融水涓涓细流,汇百川成滔滔江河,奔泻千里构成我国主要的水系,哺育了我们华夏民族。万里长江的源头就发育在唐古拉山格拉丹冬雪山。在我国西北地区,绿洲农田大部分依赖发源于高山冰雪带的大小河流,因此人们常把冰川融水比喻成绿洲的命脉。

我国西部内陆盆地与一般典型的干旱沙漠地区的主要区别是,盆地四周都围绕着海拔4000～6000m左右的高山峻岭。广阔的重重高山,降水丰富,冰雪遍布,成为内陆盆也许多河流的发源地。据粗略统计,该地区冰川覆盖面积达$3 \times 10^4 km^2$左右,年均冰川融水径流量约$2 \times 10^{10} m^3$。高山降水随高度增加而增加,一般海拔每升高100m,年降水量相应增加10～20mm,年均降水可达200

~400mm，最高可达 600mm 左右。山区降水与冰雪融水相汇合，形成强大的地表径流，汇聚到盆地，成为滋润广大绿洲的宝贵水源。

有水则绿洲，无水则沙漠、戈壁，这是该地区地理特征所决定的，没有水就没有一切，楼兰古国的消失就证明了这一点。从有人类活动以来，西北地区开发较快、较好的有陕西关中平原、宁夏引黄灌区、甘肃黑河流域、青海湟水河流域、新疆天山北麓等地区，农业发达，人口集中，经济相对也较发达。这些地区曾经都是依靠当时有限的水资源支持才能发展起来的。在西北地区以水定田、以水定工农业发展规模、以水决定城市规模是很明显的。新疆的河湖众多，塔里木河、伊犁河、额尔齐斯河以及赛里木湖、布伦托海（福海）、博斯腾湖、喀纳斯湖等，汇聚了丰富的山地降雨和冰川融水。这些河网及人工渠网（坎儿井）滋润着一片片草原及绿洲；复杂的地形地貌形成了许多奇特的塞外风光。

塔里木河是我国最大的内流河，它位于天山南麓的塔里木盆地中，自西向东沿着塔克拉玛干沙漠北部边缘蜿蜒穿行，到达87°E的地方再折向东南。塔里木河是我国面积最大的沙漠——塔克拉玛干沙漠中的生命之河，它那众多的支流和干流两侧密布的湖沼，孕育了大漠中的片片绿洲，河道两岸胡杨林、草场、农田毗连，村舍不断、牛羊成群，在莽莽黄沙之中，构成了一条绿色的走廊。塔里木河来自冰山的雪水哺育了新疆1/2左右的人口，滋润灌溉着约$10^6 hm^2$的耕地，使这里成了新疆主要的棉、粮、瓜果生产基地，为南疆带来了一派生机勃勃的景象

我国新疆的尼雅文明的衰落与尼雅河的变迁有直接的关系。尼雅河发源于昆仑山，其上游有 60 条冰川，冰川融水是尼雅河水的主要来源。在秦汉时期，尼雅河水相当充沛，流程比较远，其尾闾可以到达尼雅废墟一带。于是尼雅在河水的滋润下，林木葱郁，灌草繁茂，成为一个良好的绿洲。在沙漠地区，绿洲是人类唯一可以居住生活的地方。于是在尼雅绿洲上出现了居民和"精绝国"，出现

了尼雅文明。

但是尼雅河出现了河道退缩，即流程在不断地缩短，从下游不断向中游退缩。古代尼雅河尾闾，在38°21′N左右，而现在的尼雅河尾闾，又退缩到37°41′N左右，其流程由原先的284km缩短为210km。由于尼雅河的退缩，原先"精绝国"的地方失去了水源，居民无法耕种与生活，最后只好离开这里，迁移到其它地方。于是尼雅的历史发展完全中断，成为没有人烟的废墟。水是生活之源，断绝了水源以后，胡杨林成片地死亡，飞禽、走兽也逃离了这里，于是尼雅逐渐成为没有生命的荒漠。尼雅河的退缩并没有停止，现代的尼雅河仍在退缩之中。当本世纪初斯坦因在尼雅考察时，根据胡杨林的分布和河道的变化，指出近期的尼雅至少退缩了即24km。当时尼雅河的尾闾，在大麻扎以北约2～3km的地方，而当前则退缩到大麻扎附近。

尼雅河的退缩，即有自然的原因(大气环境的变化)，又有社会的原因，人类不合理的利用水资源和破坏森林植被，都会引起河水的蒸发和渗漏，加剧河流的退缩。

冰川与人类健康

人体对气候变化程度和速度非常敏感、脆弱。气候变化对健康的直接影响来自于温度和极端天气、海平面上升。而降雨量和温度模式的变化可能扰乱自然生态系统，改变传染病的生态，损害农业和新鲜水的供给，加重空气污染，引起动植物群落大范围的重组。

对地球升温最敏感的是那些居住在中纬度地区的人们，暑热天数延长以及高温高湿天气会导致以心脏、呼吸系统为主的疾病或死亡。持续性炎热比之瞬时高温对死亡率有更大的影响。气温增暖给许多疾病的繁殖、传播提供了更适宜的温床。

例如，在纽约和上海，一旦温度超过一定的阈值，日死亡率就显着增加。在人类历史上，几次难以控制的瘟疫暴发迅速改变了人

第七章 冰川与人类的关系

类的文明史。

虽然疾病的蔓延与人口增长和城市化有关,但是迅速变暖的气候也许是全球范围疾病扩展传播的刺激因素。气候变暖会改变气候带的界线,这就会给许多"喜热病菌"提供更广阔的生存、活动空间。此外,气候变化还可通过各种渠道对发病率生成影响。

在环境和社会压力的共同作用下,全球气候变暖会影响疾病控制的效果,当前全球范围的暖化趋势使数以百万计的人们面对许多新疾病的侵袭。外来传染病一旦传入某地,就几乎不可能再将其完全清除。

由于地球的温度不断上升,南极和北极的冰川融化速度正在加快。最近的海洋和气候学家的研究还表明:冰川的融化,将会释放出被冻结的许多未知病毒。这些病毒眼下被关在那个魔瓶子里,一旦有人启开瓶塞,人类可就要面临新的危机。因为多少万年以来,地球上温暖的季风总是不知疲倦地把热带和温带的海水送往遥远的极地冰带。无数的矿物质、数不清的浮游生物、各种各样的动物尸体,都被深深冻结在南极和北极渺无边际的冰川里。而与此同时,依附于这些物质上的许多曾经肆虐地球而如今早就在大陆上销声匿迹的病毒,也被一同冻结在厚实的冰层之中。由于极其寒冷的气候,这些病毒即使经历几千、几万年可能 依然保持着生命力。这一点不久前在格陵兰岛上得到了证实。

当研究冰层物质的科学家们,从冰川和冰原深处取出大约13000年前的冰层样品时,令人惊骇的事情发生了,这些古老的冰芯中竟然释放出了一种能够攻击植物的细菌病毒。这引起了科学家的极大忧虑,因为这表明一旦环境和温度条件许可,这些冻结在极地冰川中的病毒和细菌就会再度活跃、繁殖、传播甚至发生变异,引发大规模的疾病和灾难,从而会导致物种灭绝。

研究者发现,在这些古老的冰层中所隐藏的病毒种类相当繁杂,如各种怪异的流感病毒、骨髓灰质炎病毒、天花病毒等,另外还有众多至今尚未探明的病毒。对这些可能重见天日的病毒,美国纽约州锡拉丘兹大学斯塔摩尔教授指出:"尽管还不能确定有多少病毒会再次返回到现代文明社会中,也不能确定这些再次飘流到我们身边的病毒中有多少会威胁人类的生存环境和人类自身健康,但确定无疑的是这一切将会发生"。

俄勒冈州立大学的病毒学专家加尔文博士对这些病毒的极大危险性更是深信不疑,因为"人类健康的自我防御机制,不会预见到那些在人类社会中已经消失了几千年的病毒会重新出现,因此针对这些病毒和细菌的抵抗能力就很脆弱,在这种情况下,一旦传染发生,就非常可能导致大规模疾病流行"。

为了说明这一危险前景的可能性,加尔文还援引了一种能够引起痢疾状腹泻的病毒,这种病毒每隔几十年便在沿海地带出现一次,而它的栖身场所就是在南极和北极的冰川。

也有一些科学家认为,这些病毒已经在冰底埋藏了很长时间,它们的生命力和传染性不会像从前那样强烈,真正的危险可能会非常遥远。然而,这些科学家也承认,从理论上讲,谁也不能武断地说,这些重见天日的古老的细菌和病毒不会再次给这个世界带来灾难。

1999年,一科学考察探险队在南极大陆的永久冻土带地下,发现了一种当前科学界未知的神秘病毒。让科学家震惊的是,当前地球上还没有任何人或动物对这种病毒有免疫力。南极毕竟离我们很遥远,该病毒又是在永久冻土带的底层被发现,暂时还不会对地球其他地方的人类形成威胁。然而,由于全球变暖,南极冰架频频崩塌,尽管现在这种病毒尚被"锁"在南极冻土这个"魔瓶"里,但如果全球气候持续变暖到一定程度,那么这种未知病毒将会立刻复苏并四处散播,到时对地球上成千上万的物种来说,可能将是一种"灭顶之灾"。

地球温室效应导致南极冰川融化,以前人们担心的仅仅是海平面会上升,淹没许多陆地,但研究表明根本不需要等到海平面上升淹没城市,冰川融化释放出的致命病毒就已先夺去了数以百万计的人的生命。在寻找神秘病毒"疫苗"的同时,科学家们不禁怀疑,在只有企鹅才能生存的南极洲上,这种奇怪病毒到底是从哪儿来的?当前科学界对此众说纷纭,尚没有一致答案。

一种理论是,这种病毒可能是一种史前细菌,是地球几万年甚至几十万年前的产物,它曾经肆虐地球,并灭绝过史前生物。多少万年以前,地球上温暖的季风将热带和温带海水送往南极冰带,无数矿物质、浮游生物及各种动物尸体随海水来到了南极,并都被深深冻结在南极渺无边际的冰川里。与此同时,依附于这些动物尸体身上的一些致命病毒也同样被冻结在南极冰层中。

美国纽约大学的汤姆·斯塔穆鲁教授说:"在南极洲冻土带藏着许多古老的病毒,在几十万年前,这些病毒也许曾经肆虐过地球,一旦气候变化使它们苏醒的话,也许等待人类的将是一场大瘟疫。"

全球气候变暖似乎伴随着热浪频率和强度的增加,使夏季变得更热,冬季变得温和。湿度增加,加剧夏季极端高温对人类健康的影响。温带地区,高温期间逐日的死亡人数增加。例如,美国芝加哥市1995年热浪期间,死亡人数达500人以上,其中老年人死亡率最高。未来随着热浪发生频率和强度的增加,由极端高温事件引起的死亡人数和严重疾病将增加。

冬季死亡率比夏季高10%～25%,与热有关的死亡率增加将大于与冷有关的死亡率减少。由于气候变暖,估计到2050年与冷有关的全年死亡人数将减少20000人。在欧洲范围内,温度降到18℃以下时,温度变化1℃死亡增加的百分比,较暖的国家大于较冷的国家。而在北美,冬季死亡率增加则与降雪、暴风雪有关。

许多研究表明,洪水对人类健康的影响短期影响主要是造成人员伤亡,中期影响主要是传染性疾病增加,长期影响则由于洪水造成的经济困难和生命财产损失而导致的精神压抑。干旱则通过影响粮食减产加剧原有的营养不良情势,诱发饥馑而影响人类的健康。干旱对健康的影响还包括水资源缺乏引起的疾病。在干旱水资源短缺期间,水只能用于煮饭而不能用于卫生,这样疾病的风险便增加,流行性疾病的暴发也可能发生。

由于冰川和冰盖的消融,许多几百年至几万年前埋藏于冰中的微生物被融化出来,这些微生物的扩散可能会影响到人类的健康。由于冰体的消融改变了全球的生态环境平衡,一些动植物的生境被破坏,导致生物迁移和灭绝。这都将对人类环境造成威胁。

冰川与灾害

冰川可以导致灾害。冰川的推进,将毁灭它所覆盖地区的植被、土壤,并迫使动物无奈迁移。冰雪崩、冰川泥石流、冰湖溃坝洪水的出现,往往使地面交通受阻,甚至造成人类生产、生活以至生命财产的重大损失。

冰川、积雪一方面作为水资源,是河川径流的重要补给来源,是我国西部干旱地区绿洲农业赖依生存和发展的生命线;另一方面,若干地区过量积雪造成牧区雪灾、道路风吹雪及雪崩灾害以及冰湖溃决洪水、冰川泥石流等灾害严重影响我国西部地区农、牧业生产和交通、通讯的安全,而黄河、松花江等河流的冰凌和渤海的海冰,则威胁着沿河人民的生命安全以及海上采油、航运等活动。

我国冰雪灾害类型

我国冰雪灾害类型繁多,其中主要类型及其分布如下:

雪崩 主要分布在青藏高原边缘山区和天山、东北的长白山等中、高山与极高山地带。

风吹雪 主要分布在天山、阿尔泰山、西藏东南部、滇北、燕山北麓、大兴安岭及长白山等地。

牧区雪灾 内蒙古的锡林格勒盟和西藏的那曲地区为我国牧区雪灾高发中心;其次为新疆的阿勒泰、天山北坡、西藏的阿里,青海的玉树、果洛,甘肃的甘南、肃北以及四川的甘孜、阿坝等地。

冰湖溃决洪水 喀喇昆仑山是我国冰湖溃决洪水危害最为严重的地区,其次是喜马拉雅山中段及天山西段等。

冰川泥石流 主要沿川藏公路,中尼公路以及天山的独库公路、中巴公路沿线分布。

江河冰凌 在黄河中游的河套地区及下游的利津一带以及东北的松花江河流等,每年都发生程度不同的冰凌、凌汛。

海冰 仅分布在渤海和黄海北部。

我国冰雪灾害的特点

我国冰雪灾害的主要特点如下:

冰雪灾害种类多、分布广 我国各种冰雪灾害分布,东起渤海,西至帕米尔高原;南自高黎贡山,北抵漠河,在纵横数千公里的国土上,每年都受到不同程度的冰雪灾害的危害。

冰雪灾害发生频率高 在全球气候变化的影响下,我国又属季风大陆性气候的国家,冬、春季天气、气候诸要素变率大,导致各种冰雪灾害每年都有可能发生。

各种冰雪灾害出现的周期不明显 我国冰雪灾害的成灾因素复杂,预测预报困难,并且随着全球气候变暖,有的灾种如牧区雪灾将加剧,有的灾种如冰川阻塞湖溃决洪水将趋缓。

冰雪灾害时限性强 除了冰碛阻塞湖溃决洪水和冰川泥石流以外,其它冰雪灾害均发生在秋末至次年初春之间。

受灾面广,危害严重 我国冰雪灾害呈线、面状分布,且多数发生在经济基础较薄弱的西部少数民族地区,抗灾能力差,因灾经济损失相对较大,灾后复苏困难。因此,冰雪灾害是制约我国国民经济发展的重要因素之一,应予高度重视。

由于冰川湖突发洪水是高山冰川作用区常见的自然灾害之一,而且往往引发山区泥石流。因此,随着山区各项建设事业的开展和旅游事业的发展,世界许多国家如,冰岛、挪威、奥地利、秘鲁、美国、加拿大、前苏联、尼泊尔等,对冰川湖突发洪水形成机制及其预测预报的研究十分重视。

冰湖溃决形成的突发洪水是我国西部某些高山冰川作用区常见的灾难性洪水,预防难。与暴雨或融雪洪水不同,这种突发性洪水起涨快,涨率大,洪峰高,洪量小,洪水时间短促,水文过程线呈尖瘦单峰型,如新疆南部最大河流——叶尔羌河发源于喀喇昆仑山北坡,水量丰沛,平均年径流量达 $63.75 \times 10^8 m^3$。下游出口处的卡群水文站自 1953 年建站以来已观测 15 次突发性洪水,其中 1961 年 9 月 4 日该站在短短 20min 内起始流量由 $80.6 m^3/s$,陡涨到 $6270 m^3/s$ 的洪峰流量。

叶尔羌河的突发性洪水源于上游分布在喀喇昆仑北坡与克勒青河河谷呈正交的冰川前进都可堵塞主河谷形成冰川湖,冰川湖一旦突然排水即可酿成灾难性突发洪水。

这种现象在喀喇昆仑山南坡更为普遍,如印度河上游的支流协约克河河源的忠空姆丹冰川,克恰克空姆丹冰川和阿克塔布冰川等快速前进阻塞主河谷造成 20 世纪 20~30 年代印度河流域特大洪水。

喜马拉雅山中段是我国冰湖突发性洪水高发区之一。这里的冰湖主要属于冰川终碛阻塞湖,其中鉴别出 34 个为危险终碛阻塞湖,平均水深 31m,总蓄水量 $10 \times 10^8 \sim 30 \times 10^8 m^3$ 之间。近 50 年来喜马拉雅山中段南北坡的冰碛阻塞湖至少发生过 20 次较大的溃决事件,其中 3/4 发生在我国西藏境内。

冰湖溃决洪水常常诱发泥石流并波及下游数百公里的河谷,冲毁、淹没包括日喀则、江孜、亚东等较大的城镇在内的近百个居民点、以及大量的农田及交通、水利设施,损失严重。其中 1981 年夏季聂拉木县波曲河章藏布沟源头的次仁玛错(冰碛阻塞湖)溃决,摧毁了近 50km 范围内的中—尼公路及包括友谊桥,普尔平桥在内的全部桥涵以及尼泊尔孙科西河水电厂也部分遭破坏。

1982 年夏,定结县的金错(冰碛阻塞湖)溃决,造成 8 个村落和大片农田被淹,冲走了近 1600 头牲畜。

雅鲁藏布江的支流年楚河发源于喜马拉雅山北坡,有冰湖49个,其中桑旺湖(又名什娥错)面积最大为 $5.4km^2$。该湖曾于1954年7月16日冰川末端发生两次崩塌,巨大冰体滑入湖内,水位陡涨,湖水漫过终碛垄溢流,约有 $2.5×10^8m^3$ 水量倾刻间冲向下游,造成历史上罕见的特大洪水。

尼泊尔、不丹等国也常遭冰碛阻塞溃决洪水之害,如1985年8月4日尼泊尔东部喜马拉雅山南坡孔布喜马尔地区波达科西河上游的支流兰莫切谷地源头的迪格特索冰碛阻塞湖溃决,在短短4小时内排泄水量近 10^8m^3,造成兰莫切谷地14座桥梁,包括4座高大的吊桥全部被毁,已接近完工的小水电站也被毁之一旦。

天山西部托木尔峰一带是我国冰湖突发性洪水危害较严重的地区之一。南疆阿克苏地区的昆马力克河上游在我国境内共有冰川124条,面积达 $947.01km^2$。吉尔吉斯斯坦境内还有很多冰川是天山最大的冰川作用区,其中南伊内尔切克冰川长度达 $63.5km$,末端海拔 $2900m$,该冰川自东向西流。在距该冰川冰舌末端 $14km$ 消融区中部,南伊内尔切克冰川与北伊内尔切克冰川分离,在空出的冰川侵蚀槽谷中,因其前端受南伊内尔切克冰川的阻塞,形成一个在高水位时长约 $4.5km$,平均宽为 $1.5km$,冰坝宽 $14km$ 的冰川阻塞湖。随着全球气候变暖,北伊内尔切克冰川继续退缩,此湖不断扩大。

根据我国境内昆马力克河出山口协合拉水文站自1956年6月建站以来,测得34次冰川阻塞湖突发性洪水,每年发生这种洪水的可能性在90%以上,有时一年甚至发生两次,如1956、1963年、1966年、1978年和1980年。两次洪水间距时间最短仅60天,一年发生两次这种洪水的频率为15%。20世纪50年代以来,昆马力克河冰湖突发洪水出现频率不断增加,洪峰流量和每次突发洪水的总洪水量呈逐年增加趋势。

冰川泥石流是现代冰川和积雪地区的一种含有大量土、沙、石块等松散固体物质的特殊洪流。其流体中的固体物质主要为现代冰川作用和古代冰川作用形成的新、老冰碛物,而水源主要由冰川和积雪的强烈消融、冰湖溃决、冰崩和雪崩体急速融化生成的强大水流所补给。冰川泥石流灾害常使当地经济建设和人民生命财产遭受严重损失。

由于现代冰川类型的不同,冰川泥石流发生的规模、频率与活动特征等亦相应地存在着差异。在海洋型冰川区,冰川泥石流集中分布在西藏东南部山区以及西藏与四川、云南交界的横断山脉,以著名的古乡沟、培龙沟、冬茹弄巴等近40条沟谷的冰川泥石流爆发的规模大、频率高、危害重。如1953年古乡特大冰川泥石流曾将 $10^7 m^3$ 的泥沙搬至山外,瞬间形成一面积达 $3km^2$ 的巨型冰川泥石流堆积扇,并堵断帕隆藏布江,使上游壅水,形成长 5km 的大湖,淹没农田。

在大陆型冰川区,冰川泥石流分布零散,而且数量比海洋型冰川区的冰川泥石流要少,爆发周期也较长。它们主要分布于喜马拉雅山的中、西段北坡,唐古拉山东段以及我国西北地区的喀喇昆仑山、昆仑山、天山、祁连山、阿尔泰山等地。在天山独库公路穿越的奎屯河源和库车河源,集中分布着20多条冰川泥石流沟和多处融雪泥石流,经常埋没公路,阻断交通。在海洋型冰川区与大陆型冰川区之间的过渡地区,则发育着由冰碛阻塞湖溃决而形成的冰川泥石流。它们主要分布在喜马拉雅山的中、西段。如西藏定结县吉莱普沟于1964年9月21日下午,由于源头终碛阻塞湖溃决而形成大型冰川泥石流,流动距离达30km,到形成巨型堆积。

冰川——人类宝贵的财富

冰川与水资源

冰川是宝贵的淡水资源,在中国西部地区,特别是在西北干旱区工农业发展中有重要作用。北起阿尔泰山、南至喜马拉雅山山麓的农田主要靠源自高山带的冰雪融水灌溉,《唐书》称"瓜州(即今敦煌地区)多砂碛,不通耕稼,民以雪水灌田",表达了冰川融水在荒漠区土壤改良中的重要意义。

国家领导人曾多次指出:"高山上的冰川,这是可靠的比较稳定的水资源,是固体水库,一定要珍惜这宝贵资源,合理利用这个宝贵资源,创造出更多的财富,更多地造福于人民"。

根据已完成的冰川编目统计,中国冰川有46298条,面积达59406km^2,冰储量约为5590km^3,占亚洲冰川总量一半稍多。

在全球的中、低纬度国家中,中国冰川资源是最丰富的,冰川年融水量估算达6.05×10^{10}m^3,在西北内陆流域,冰川融水量约占河川径流量的1/4,其中80%~90%在新疆,像叶尔羌河、阿克苏河等都以冰川融水为主要补给源。因此,冰川研究在新疆尤其显得重要。

此外在甘肃、青海、西藏、四川、云南等省区也不能忽视冰雪水资源的利用。了解冰川分布和数量仅仅是冰川资源利用研究的第一步,还需深入研究冰川和积雪的积累、消融机制和在时间和空间上的变化规律,更需和水利水电部门合作,探索山区水力发电与蓄水引水工程的可能性。

冰川融水径流对河川径流的调节作用,在干旱少雨的年份,冰川融水可以弥补因降水减少而造成的河流水量不足。当连续出现低温多雨天气时,冰川融水量减少,冰川上的积雪补给冰川形成冰川冰保存起来,河流水量减少。一旦高温干旱替换低温潮湿,河流水量则增大。因此,冰川融水补给量较大的河流受旱涝威胁相对要小,对我国西部干旱地区农业稳定和持续发展起着重要作用。蓄积的冰川融水,还可用来灌溉、发电。如我国新疆的绿洲农业,就多以冰川雪水为灌溉水源的;冰川属于淡水,是人类最宝贵的一项淡水资源。

冰川与能源

欧洲的阿尔卑斯山区是冰川资源利用水平最高的地区,在古冰川活动遗留下的宽展槽谷和冰碛阻塞湖区修建了星罗棋布的高山水库,蓄水量数百万方至 $10^8 m^3$ 不等,储蓄的冰川融水占水库库容的 2/3。

例如,瑞士能源的一半是靠山区水电站发电,在冬季白天的用电高峰,2/3 的电能靠山区水电站。大力开发山区能源,带动了工业、农业和旅游等各项事业的发展。

阿尔卑斯山的今天,也就是天山、祁连山的明天,冰雪资源利用的美好前景,也待于我们去努力实现。除水资源以外,冰川冻土地区、砂矿资源的勘探利用,也需积极进行。

冰川与旅游

冰川上的美丽风光又是重要的旅游资源。例如,云南玉龙山冰川建立专门登山和欣赏冰川景色的索道,旅游者日达千人。与地球上其他独特景观与风光相比,冰川更胜一筹,她给予人们精神上的满足,体力的锻炼,意志和胆量的考验,远优于人们在城市周围的旅游活动。

在发达国家,冰川作为旅游资源早在 100 年前便开发了,现在许多冰川区已成为人们的旅游胜地,如在瑞士,冰川旅游已成为国民经济的重要支柱,在龙河河谷,许多揽车将旅游者直接送上冰川顶部的高峰,在属于第三世界的阿根廷也在巴达哥尼亚开辟了冰川公园。

冰川与饮用水

冰川还是一种优质的矿泉水。冰川中水的平均周转期约 50 年,有的达 600 年以上,在一些大的冰川,如珠穆朗玛峰北坡的绒布冰川可达千年以上。因为冰川末端的融水是远在人类工业化社会之前的大气降水,因此是一种古老的未受人为污染的优质水源。冰川水之优质,并不仅仅是它的古老,更主要的是它的氘含量是自然水体中最低者,而后者对人及生物体是有害的。科学实验表明,用氘含量低的雪水灌溉的小麦比用普通水灌溉的成熟期早,产量高约 25%;喂雪水的猪比喂正常水的产仔量提高,增重 80%;喂鸡产量提高一倍;常饮雪水的人胆固醇降低,心脑血管病减少。降落得越高、越寒冷及距水汽蒸发地越远的雪中氘的含量愈少。

以海水中的氘含量为标准,南极中央的雪中的氘含量为 $-500‰$,青藏高原西北部古里雅冰帽中的 $\delta^{18}O$,最低为 $-25‰$,相当于氘含量为 $-190‰$,祁连山敦德冰川中,$\delta^{18}O$ 的最低值为 $-16‰$,相当于氘含量为 $-120‰$,已开发的酒泉冰川矿泉水气的含量也比普通水低得多,氘为 $-74‰$,且含有对人体有益的微量元素锶。绒布冰川的稳定同位素研究表明,氘 δD 及 $\delta^{18}O$ 随海拔升高而降低,冰塔区的老冰川水氘等于 $-80‰$。

冰川资源的保护

伊拉克战争造成的油井大火把大量有毒气体和黑色微粒状物质送入大气,这些污染物会在西南风的作用下飘向天山山脉和帕米尔高原,有可能加速冰川融化并造成高山生态环境恶化。

天山山脉和帕米尔高原的许多山峰都在海拔 6000m 以上,而且冰川纵横,是人类重要的淡水库,许多江河都发源于那里。近年来因全球气候变暖,冰川的面积正在逐年缩小。伊拉克油井大火所造成的烟尘将在 3000m 以上的高空飘浮,黑色尘粒如大量落到冰川表面将加速冰川的融化,造成严重的环境问题。

图 7.1 所示为拍摄于 2002 年 2 月 17 日的卫星照片,这张卫星照片显示了一块估计重达 50×10^8t 的冰雪区域从南极大陆解体,分散成数以千计的冰山的情景。

图 7.1 南极大陆冰雪区域解体的卫星照片(2002 年 2 月 17 日)

这座四分五裂的巨型冰架名叫拉森 B,位于南极洲最北部,面积为 3250km², 厚 200m, 估计重量达到 50×10^8t。仅仅 31 天,这个庞然大物就不见了踪影,化成千万座冰山星罗棋布在南极洲东部的威德尔海,令众多冰河学家瞠目结舌,各国气候学家大惊失色,不禁大呼:"地球变暖已经十分严重,人类必须采取行动了"。

拉森 B 倒塌所形成的冰山冰块如同羽毛一般飘浮在南极洲附近的海面上,比前半个世纪冰川的总和还要多。

在过去 30 年中,南极洲的众多冰架一直在慢慢倾斜,但数这次坍塌事件最为严重,充分证明了该地区气候正在变暖。拉森 B 的命运"应该唤醒全世界,如此庞大的冰架都能崩溃,这是在向我们敲响警钟"。

世界绿色和平组织认为,冰架倒塌还只是个开始,更危险更恐怖的还在后面。南极洲气温上涨迅速,如果南极大陆的大面积冰块有朝一日疯狂融化,那意味的是什么?是海平面上涨 5~6m!

不仅如此,还有更可怕的:由于来自太阳的 80% 的光和热都是通过冰和雪反射回太空的,如果冰架冰川减少了,那么星体反照率也随之降低,将引起恶性循环,地球母亲会越来越热。

联合国环境规划署发出警告说,"喜马拉雅山上的冰川融化在加快。"

科学家采用航测、卫星观测和实地考察等手段,对尼泊尔境内的 3252 个冰川和 2323 个冰川湖,以及不丹境内的 677 个冰川和 2674 个冰川湖进行了长达 3 年的观测。结果显示,这些地区的气温比 20 世纪 70 年代增长了整整 1℃,冰川和积雪的融化速度的加快导致冰川湖的水位急剧上升。如果不采取紧急措施,在 5~10 年内,这些湖泊将会决堤,决堤的洪水将会给山下上千公里以外的居民带来巨大的灾难。

21 世纪是西部大开发的世纪,我国丰富的冰川资源将逐步得到利用、开发。从现在开始,应该加强冰川的考察研究,设立定位站,选择典型冰川作为监测对象。

对冰川资源的利用和防灾减灾进行全面的规划,坚持可持续发展的方向。增设冰川观测半定位站,改变我国西北 23077 条冰川只有一条冰川——天山乌鲁木齐河 1 号冰川被系统观测的现状,以及天山玛纳斯河、祁连山疏勒河冰川区,急需专派考察队通过创建半定位(即夏季观测)站,正确测量近年积累、消融、运动与整体冰川变化状况。

对我国西北区在冰川积雪变化,亦应加强动态监测,以便较正确预测未来50年的变化趋势。必须继续加强流域内水资源的统一管理,协调分配,加强节水措施,加大生态植被保育措施,为实现可持续发展创造有利条件。

参 考 文 献

Benn, D I, Evans D V. 1998. Glacier and Glaciation. London: Arnold, pp734

黄锡荃主编. 水文学. http://61.142.127.149/Special/Subject/GZDL/DLTS/DLTS0088/

IPCC 第三次气候变化评价报告. 第一工作组报告(2001 年 12 月). http://www.globalchange.ac.cn/

IPCC 第三次气候变化评价报告. 第二工作组报告(2001 年 12 月). http://www.globalchange.ac.cn/

IPCC 第三次气候变化评价报告. 第三工作组报告(2001 年 12 月). http://www.globalchange.ac.cn/

康尔泗,程国栋,董增川主编. 2002. 中国西北干旱区冰雪水资源与出山径流. 北京:科学出版

李忠勤,韩添丁,井哲帆等. 2003. 乌鲁木齐河源区气候变化和 1 号冰川 40 年观测事实. 冰川冻土,**25**(5):117~123

刘潮海,施雅风,王宗太等. 2000. 中国冰川资源及其分布特征——中国冰川目录编制完成. 冰川冻土,**22**(2):106~112

刘潮海,谢自楚,刘时银等. 2002. 西北干旱区冰川水资源及其变化. 见:康尔泗,程国栋,董增川主编. 中国西北干旱区冰雪水资源与出山径流,14~72. 北京:科学出版社

龙吟. 2002. 南极冰中的秘密. 科学画报,(4)

彭公炳,李晴,钱步东. 1992. 气候与冰雪覆盖. 北京:科学出版社

Petit J R, Jouzel J, Raynaud N I, et al. Climate and atmospheric history of the past 420 000 years from the Vostok ice core, Antarctica. *Nature*, **399**:429~436

秦大河等. 1995. 南极冰盖表层雪内的物理过程和现代气候及环境记录. 北京:科学出版社

秦大河主编. 2002. 中国西部环境演变评估. 北京:科学出版社

任贾文,秦大河,效存德等. 2002. 南极地区数百年来气候变化的冰芯纪录对比研究. 冰川冻土,**24**(5):484～491

沈永平,梁红. 2001. 全球冰川消融加剧使人类环境面临威胁. 冰川冻土,**23**(2):208～211

沈永平,刘时银,王顺德. 2003. 天山南坡台兰河流域冰川物质平衡变化及其对径流的影响. 冰川冻土,**25**(2):124～129

史梦熊,卜繁伟. 1987. 中国水资源评价. 水利电力出版社

施雅风. 2001. 2050年前气候变暖冰川萎缩对水资源影响情景预估. 冰川冻土,**23**(4):233～341

施雅风,黄茂桓,姚檀栋等. 2000. 中国冰川与环境——过去,现在和未来. 北京:科学出版社

施雅风,孔昭宸,王苏民等. 1992. 中国全新世大暖期气候与环境的基本特征. 见:施雅风主编. 中国全新世大暖期气候与环境,1～18. 北京:海洋出版社

施雅风,沈永平,李栋梁等. 2003. 中国西北气候由暖干向暖湿转型问题评估. 北京:气象出版社

施雅风主编. 1995. 气候变化对西北华北水资源影响研究. 济南:山东科技出版社

汪君霞,姚檀栋. 2002. 冰芯中含硫物质—MSA的研究冰芯与寒区环境重点实验室年报,第8卷

王宁练,姚檀栋,蒲建辰等. 2002. 青藏高原马兰冰芯记录的近百年来气温变化. 冰芯与寒区环境重点实验室年报,第8卷

王宁练,姚檀栋. 2003. 冰芯对于过去全球变化研究的贡献. 冰川冻土,**25**(3):275～287

王宁练,姚檀栋,秦大河等. 1999. ≈37ka BP大气中宇宙成因同位素含量增加的古里雅冰芯证据. 科学通报,**44**(7):765～769

王宁练,姚檀栋,施雅风等. 1999. 末次冰盛期时赤道地区的降温幅度问题. 中国科学,**29**(D增1):70～78

王宁练,姚檀栋,Thompson L G. 1998. 青藏高原古里雅冰芯中 NO_3^- 浓度与太阳活动. 科学通报,**42**(3):309~312

王宁练,Thompson L G,Cole-Dai J. 2000. 青藏高原古里雅冰芯记录所揭示的 Maunder 极小期太阳活动特征. 科学通报,**45**(16):1697~1704

王绍武,董光荣主编. 2002. 中国西部环境特征及其演变. 见:秦大河总主编,中国西部环境演变评估(第一卷),49~61. 北京:科学出版社

王有清,姚檀栋. 2003. 冰芯纪录中末次间冰期-冰期旋回气候突变事件的研究进展. 冰川冻土,**25**(5):550~558

王宗太. 2003. 世界和中国的冰川分布及其水资源意义. 冰川冻土,**25**

王宗太,刘潮海. 2001. 中国冰川分布的地理学特征. 冰川冻土,**23**(3):231~237

吴素芬,张国威. 2003. 新疆洪水和洪灾的变化趋势. 冰川冻土,**25**(2):199~203

效存德,秦大河,任贾文等. 2003. 冰冻圈关键地区雪冰化学的时空分布及环境指示意义. 冰川冻土,**25**(5):492~499

杨针娘. 1991. 中国冰川水资源. 兰州:甘肃科学技术出版社

杨志红,姚檀栋,皇翠兰等. 1997. 古里雅冰芯中的新仙女木事件记录. 科学通报,**42**(18):1975~1978

姚檀栋. 1999. 末次冰期青藏高原的气候突变——古里雅冰芯与格陵兰 GRIP 冰芯对比研究. 中国科学,**29**(D2):175~184

姚檀栋等译. 1993. 冰川和冰盖中的环境记录. 兰州:甘肃科学技术出版社

姚檀栋,段克勤,王宁练等. 2002. 过去100年青藏高原温度变化. 冰芯与寒区环境重点实验室年报,第8卷

姚檀栋,焦克勤,皇翠兰等. 1996. 末次间冰期以来青藏高原北部大气成分和环境变化. 见:第五届全国冰川冻土学大会论文集(下),818~827. 兰州:甘肃文化出版社

姚檀栋,刘晓东,王宁练. 2000. 高海拔地区气候变化幅度问题. 科学通报,**45**(1):98~106

姚檀栋,Thompson L G,施雅风等. 1997. 古里雅冰芯中末次间冰期以来气候变化记录研究. 中国科学,**27**(D5):447~452

张国威,吴素芬. 2003. 西北气候由暖干向暖湿转型信号在新疆河川径流量变化中的反应. 冰川冻土,**25**(2):183~187

张家宝,史玉光. 2002. 新疆气候变化及短期气候预测研究. 北京:气象出版社